土木技術者の気概

廣井勇とその弟子たち

高橋 裕＝著
土木学会廣井勇研究会＝編集協力

鹿島出版会

はしがき

何人も自らが育った時代思潮から逃れることはできない。と同時に、その時代の流れを深く認識し、その時代の思想の高揚に努力するエリートによって、その時代は光り輝く。

本書で紹介するインフラを形成したエリートたちは、幕末から明治初期に生まれ、明治、大正、昭和初期に日本のインフラの近代化に貢献した気概ある指導者である。

〝明治という時代〟を、世界史のなかでも際だった位置付けと評価する司馬遼太郎は、その時代のエリートの生き方に注目している。司馬の代表作『坂の上の雲』は、近代日本を興した指導者の生涯を時代背景の中にリアルに描いている。そして、明治において花開いた〝文明〟に着目し、明治日本の知性が〝文明の名において〟発揮された点を高く評価している。

文明を具体的に支えたのはインフラであった。インフラを創成したエリートたちは、その時代思潮を踏まえ、独自の人生観と気概を持して、明治以降の文明を築いたのであった。本書はその人生観がインフラ建設に当たってどのように披瀝され、それがいかに後輩たちに引き継がれてきたかの物語である。

彼らはいずれもサムライの家に生まれ育ち、人生観の形成に明治以前の武士道の倫理があずかって力があった。渡辺京二は、幕末から明治にかけて来日した多くの外国人の記録から、明治以降の日本が近代化の過程において、失った日本人の気質と倫理と優れた人間性を克明に分析している。

二〇一四年八月

高橋　裕

土木技術者の気概　目次

廣井勇とその弟子たち

はしがき　3

◉古市公威から廣井勇へ、近代化の扉を開く……10

山縣有朋との交友／金関義則の古市への高い評価／『古市公威とその時代』（土木学会）／廣井勇、インフラ近代化の〝こころ〟を築く／権威に屈しない信念／札幌農学校の教育理念（人類愛とBe gentleman）／雄々しくも気高い廣井山脈の形成／與天無極――天と與に極り無し／後世への責任感／比類なき数々の名著／友情の絆、そして土地とそこに暮らす人々への思慕／静かな別れ

◉天意を覚った真の技術者――青山士《あきら》……34

〝萬象ニ天意ヲ覺ル者ハ幸ナリ　人類ノ為メ國ノ為メ〟／大河津の記念碑／一高から東京帝大、そしてパナマへ／パナマ工事参加／兄の戦死／突然の帰国／荒川放水路工事を指揮／青山士と宮本武之輔／岩淵水門／関東大震災と在日韓国・朝鮮人／労災保険の採用／青山士と安藝皎一／荒川放水路工事費は軍艦一隻の建造費より廉い／棟方志功が感動した大河津記念碑――人類ノ為メ國ノ為メ／事故克服後に完成した大河津分水／内務省技監

と土木学会長／戦後の青山宅訪問／南原繁の弔辞

●生涯を台湾の民衆に捧げた八田與一……67
ユニークな八田與一像／今も続く八田墓前祭／東洋一の烏山頭ダム建設の動機／「台湾を愛した日本人」の著者古川勝三／若い頃の八田與一／日本上下水道の恩人バルトン／八田ダム工事の特徴／台湾に骨を埋める覚悟であった妻外代樹／八田夫妻を敬愛する地元の人々

●雄大な水力発電事業を実行した久保田豊……83
久保田豊と野口遵の名コンビ／世界最大規模の水豊ダム／エンクルマ大統領との会見

●科学技術立国に一生を捧げた宮本武之輔……89
豊富な宮本（による）文献／フェビアン協会と労働党（ロンドン）訪問／信濃川大河津分水自在堰陥没／信濃川大洪水と宮本の決断／地元新聞への祝辞／東大の講義／宮本武之輔の日記／技術者の地位向上運動に情熱／軍国主義と技術者運動／宮本武之輔を讃える

今後のインフラ整備に向けて

◉河川哲学を確立した安藝皎一……106
安藝皎一の河相論／河川という自然と技術との関係／黄河の軍事的破堤／黄河破堤後の対策／破堤地点花園口を訪ねる／資源調査会事務局長／安藝教授の河川工学講義／資源調査会と戦後行政／廣井・青山・宮本と安藝を結ぶ線／安藝の国際的活動の意義

◉今後のインフラをどうするか……124
インフラ整備の基本的条件／人口減少と少子高齢化と国土／源流の危機／沖積平野、デルタの土地利用急変／海面上昇と海岸線の危機／遠州灘の海岸線後退／海岸線の文化的資産――山部赤人の田子の浦／長く多様な海岸線／高度経済成長を支えた臨海工業地帯／遠州灘海岸復元の意義／国土への理解――〝愛国土〟のすすめ／気候変動と災害大国日本／ゼロメートル地帯の教訓／インフラと国土のかたち／国土教育（義務教育への要望）／BBCのアンケートに見る土木技術者の評価／現場に触れる／土木史の重要性／討論、スピーチの練磨／広報の価値／現場技術者（特に河川技術者）への期待／破堤の教訓／歴史的河川施設の価値／川の神様から得た教え／東京大学第二工学部／二工と一工学生／筆者の体験に基づく、西千葉と本郷の差／一工・二工の学生の差

◉今後のインフラ整備への条件 ……………………… 180
自然との共生——技術者／技術者の高等教育への期待／人材育成における演習例（東京大学工学部社会基盤学科）／これからの百年

文献および著作者紹介 194

年表 202

あとがき 204

廣井勇とその弟子たち

◉古市公威《きみたけ》から廣井勇へ、近代化の扉を開く

〝私が一日休めば、日本の近代化は一日遅れる〟

明治八（一八七五）年、古市公威（一八五四〜一九三四）は二二歳でフランスに留学し、エコール・モンジュに入学した。翌年、入学試験六番の好成績でエコール・サントラルに入学。明治一二（一八七九）年に同校を卒業し、パリ大学理学部入学、翌一三年同校を卒業して、英国、ベルギー、オランダを視察旅行後に帰国した。冒頭の言葉は、古市がパリ留学中、高熱にもかかわらず大学に行こうとしたのを止めようとした下宿のマダムに語ったと伝えられる。どの程度正確かはわかりかねるが、古市の真摯な勉学姿勢は関係者の誰もが認めているので、まことに彼の面目躍如たる言葉である。

留学前、大学南校、そして改称された開成学校にて諸芸学を学習した。留学先ではフランスの近代精神を基礎に、諸芸学の本流を学びつつ、土木に限定されず、工学の多くの分野に触れることによって、広義の技術者のあり方を学んだ。開成学校およびフランスでの学習の重点は、工学の総合性を尊重する諸芸学すなわちポリテクニクの思想を深めることであり、その思想は、彼の生涯を通して具現されたのである。

古市の青少年時代は、幕末から明治維新にかけ、日本史においても過去に例のない激動の時期

であった。一六歳になった古市が開成所に入学した明治二（一八六九）年、スエズ運河が開通した。おそらく、彼はこの国際的インフラの偉業に胸躍らせ、技術の進歩に自信と期待を膨らませていたに違いない。パリで勉学中の明治八〜一二（一八七五〜七九）年の丸五年間、パリ・コミューンを経てフランス議会で共和政憲法が定まり、第三共和政が成立している。フランスもまた、激動の時期であった。古市がこの間、日本とは異なる自由と革新の世に、どのように身を処したかはわ

古市公威（1854-1934）

からない。しかし、フランス語を会得した古市にとって、フランス社会特有の国際的交際力を会得し、それが彼の人生にとって掛け替えのない人格力を陶冶したことは間違いないであろう。諸芸学に根を下ろす総合力の哲学が、彼が新しい舞台に登場するたびに静かに発揮されていく。

安政元（一八五四）年、江戸蛎殻町の姫路藩中屋敷に生まれた古市は、幼年時代から武士道の倫理観を抱き、幼少年時代には日本史の大転換を体験して、いやが上にも国家意識を高揚させていた。彼が帰国後、学界、政界などの要職に就き、それらの使命を果たし得たのは、幅広い教養に根ざす総合力と、各界に信頼され、洗練された高潔な人格の賜であった。しかし一方、彼自身、晩年に自らを鵺《ぬえ》的な存在であったと、自戒とも思える感慨を述べた。

山縣有朋との交友

古市の人生を語る際、政治家山縣有朋（一八三八〜一九二二）との密接な関係が各様に言及される。両者の関係を決定付けたのは、明治二一（一八八八）年一一月から翌年九月まで、内務大臣であった山縣有朋の欧州諸国巡回に首席随員として古市が選ばれ、その際、特にフランスでの視察において、古市のフランスでの信頼の高さと人脈のおかげで、山縣は極めて有意義な成果を得たのであった。そもそも、山縣のこの視察旅行は、多分に伊藤博文への対抗意識があった。明治二二（一八八九）年の大日本帝国憲法発布を前にして、伊藤博文はすでに欧州各国の憲法事情を視察していた。山縣は、それに引けを取るわけにはいかなかった。山縣のこの視察成果は、古市の見識によるところが大きかった。古市は当時、工科大学の学長であったが、その職を辞しての随員であった。それまで約二年間の内務省土木局勤務での抜群の力量を、山縣大臣が高く買っていたための随員指令となった。帰国した古市は、工科大学長に再任、さらに八カ月後、土木局長に任

山縣有朋(1838-1922)

ぜられた。古市の人格、行政官としての資質を高く買っていた山縣は、その後、古市との関係を深めていった。それは能吏としての古市を信頼したというよりは、古市への畏敬の念からであった。山縣が最も尊敬したのは、明治天皇に次いで古市であったのではないか。

金関義則の古市への高い評価

古市について、そのほとんどの活動を総括的に調べ、日本のインフラ近代化への貢献の観点から彼の業績を高く評価したのは金関義則である。その評伝的成果は、「古市公威の偉さ」と題して、みすず書房の月刊誌「みすず」に昭和四九～平成四（一九七四～一九九二）年の一八年間、八回にわたって掲載された。その論説の趣旨は、古市こそ、日本に西欧諸国のような近代国家への基礎を築いた偉大な指導者であったと高く評価している。

金関は、昭和一五（一九四〇）年東北帝大理学部物理学科卒、科学記者を経て、科学史、科学評論家として多くの著作を刊行、特に日本科学技術史大系のうち「土木技術の巻」（共著）を第一法規出版から昭和四五（一九七〇）年に出版したほか多数の翻訳書がある。なかでも『地図つれづれ草』（みすず書房、一九七五年）は、「みすず」に昭和三五（一九六〇）年一〇月号から昭和五〇（一九七五）年五月号まで、約一五年にわたって国土地理院の地図、特に利根川、淀川の治水・利水に関する土地条件図などを現地に赴いて確認し、関連資料を読み解いた、極めてユニークな書である。

ところで、金関は、一九六〇年代、拙宅を数カ月に一回程度訪れ、筆者に多くの情報を伝える一方、様々な討議を挑んだ。つねに〝ご高説を伺いたい〟との前触れで訪ねてくださるのではあるが、大部分の発言は彼自身で、筆者は概ね聞き役であり、ときどき相づちを打つか、必ずしも適切とは限らないコメントを述べる程度であった。しかし、彼の語り口と豊富で多面的な情報を、筆者は貴重なものと評価し、話し合いを楽しんだ。

訪問の動機は、拙著（酒匂敏次との共著）『日本土木技術の歴史』（地人書館、一九六〇年）であった。同書は全一〇冊の日本技術史薦書の一冊として、この薦書の編集に当たり自ら「日本建築技術の歴史」の著者でもある村松貞次郎から昭和三二（一九五七）年に依頼され執筆した。それまで土木史にほとんど実績のなかった筆者に、建築史の大家が本書の執筆を勧めた理由は今もって全くわからない。酒匂敏次の協力を得て、筆者はフランス留学直前の昭和三三（一九五八）年秋に脱稿、校正は共著者に任せて旅立った。翌年の春には出版予定であったが、出版社は慎重を期して（?）、留学中は全く出版しようとせず、筆者が昭和三五（一九六〇）年一月に帰国直後の五月に出版された。

内容は極めて貧弱でお恥ずかしい限りであったが、当時類書が全くなかったために、技術史関係者の関心を引いたようである。科学技術史を専攻していた金関が注目したのは、特に同書の結びにおける、古市の土木学会発会に当たっての会長講演（大正四（一九一五）年一月三〇日）の引用と、その歴史的意義に関する筆者の評価であった。この会長講演については、二人でしばしば丁寧に議論した。会長講演のみならず、古市が明治から昭和初期にかけて、日本の近代化を推進しつつも翻弄された状況を歴史的にどう判断するかは、議論の分かれるところである。

特に日露戦争勝利後、日本の軍部や一部政治家が、日本が強大な一流国になったと驕り高ぶり、いわゆる先進国の植民地支配を真似し、軍国主義の跳梁を許して、やがて昭和二〇（一九四五）年の敗戦の悲劇を迎えることになった。飯田賢一は、〝帝国主義者山縣の路線を支えた高級技術官僚としての古市は、山縣がアジアを軍事的に制圧し支配しようと考えた方針に沿ったことに、近代日本の負ったひとつの悲劇を見る〟と、古市がひたすら歩んだ道を厳しく批評している。

山縣が内務大臣などの要職を渡り歩んで権勢を振るっていた明治時代、古市のインフラ整備を軸とする近代化路線は、山縣と古市の固いコンビで順調に進んだ。山縣は日露戦争では参謀総長を務めた戦勝の功労者ではあるが、戦後は表面には出ず、元老として政界に影響力を持ち続けた。山縣が日露戦争の頃からあからさまにアジア支配の意欲を顕示したのは、彼の陸軍総帥としての自然の成り行きであった。山縣の絶大な信頼のもと、古市が山縣の軍事思想をどう考えていたかは不明である。しかし古市は、それを批判する動機も決意も全くなかったであろう。山縣の軍事については、古市は一切言及していない。パリ留学の若い頃、パリ・コミューンや第三共和政の誕生を目の当たりにしつつも学業に専念していたが、フランスの抵抗精神を会得するには、育った日本の環境とあまりに異なり無理であったのか。分を重んずる人生観は、古市を最後まで縛り、山縣との相互信頼関係を崩すことはなかった。山縣の彼への信頼が、明治のインフラ近代化を古市が推進できたひとつの原動力であった。それにしても、山縣の古市への高い信頼はともかく、山縣の政敵とも言われる伊藤博文からの信頼と評価も高かったことは、古市の人格の故であろう。

『古市公威とその時代』（土木学会）

古市研究については、前述の金関義則を頂点として、多くの調査がある。しかし、その中で土木学会創立九〇周年記念としてまとめられた『古市公威とその時代』（二〇〇四年）は、古市研究の集大成として高く評価されるべきである。松浦茂樹（東洋大学国際地域学部）を委員長、江口知秀、大淀昇一、小野田滋、神吉和夫、北河大次郎、原口征人、藤井三樹夫の七名の委員、学会付属図書館坂本真至を事務局とした、土木学会土木図書館委員会と同学会土木史研究委員会（土木学会初代会長・古市公威研究小委員会）により、五百頁余りの大著が完成した。土木史家松浦茂樹のバランスの取れた編集と熱意が、この見事な成果誕生の原動力である。

本書は、古市公威の学生時代から説き起こし、古市の教育、明治の国土づくり、河川事業、港湾事業、鉄道、水利事業、そして晩年の集大成としての万国工業会議議長としての活躍が紹介され

土木学会委員会編『古市公威とその時代』

ている。最後に〝国土づくり〟の章を設け、各分野のインフラ近代化への具体的貢献が記録されている。古市の多面的活躍こそ、その功績と捉え、それらを満遍なく紹介解説している。

古市の多方面の精力的活躍は、それら業績によって知ることができるが、個人的な生々しい見解を評価するのは難しい。というのは、しばしば引用される土木学会初代会長講演以外、個人的意見を赤裸々に表明している講演、論説原稿は見当たらないからである。会長講演も、学会発足に当たっての会の方向性を表明したもので、古市の意図が示されているとはいえ、個性はむしろ抑え気味に見える。工科大学長を離れた以後、つねに重要官職にあった古市は、完全な個人的見解を遠慮なく表明する機会も動機もなかった。もっとも明治大正時代は、教育者や研究者も専門分野の学術的成果以外の個性豊かな演説などは一切発表しない例も少なくなかった。一種の時代的風潮といえよう。それにしても、古市の信念や抱負をこの会長講演以外に伺えないのは残念である。

昭和八（一九三三）年にいわゆる満州国問題で日本は国際連盟を脱退し、国際的に孤立しやがて軍国主義に突入するが、その直後の昭和九（一九三四）年一月、古市は七九歳でこの世に別れを告げた。その三年後、昭和一二（一九三七）年六月、東大構内に重々しい古市の銅像が建立された。東大正門を入って左へ折れ、工学部一号館（土木建築）に近く、本郷通り際にその像は堂々と存在感を誇示している。東大構内には多数の像があるが、おそらく、この古市像と安田講堂近く三四郎

東大構内に建立された古市公威の銅像

池を背にある濱尾新元総長像が最も目につく大きな像である。

廣井勇、インフラ近代化の〝こころ〟を築く

〝若し工学が唯に人生を煩雑にするのみならば何の意味もない。是によって数日を要する所を数時間の距離に短縮し、一日の労役を一時間に止め、人をして静かに人生を思惟せしめ、反省せしめ、神に帰るの余裕を与へないものであるならば、我等の工学には全く意味を見出すことが出来ない〟

廣井勇（一八六二〜一九二八）は、日本の近代土木界の創成期を生み出し、凄まじくも清冽な悔ゆることなき一生を過ごした。本人はそんな意気込みではなく、静かな一生と思っていたであろう。しかし、第三者から見れば尋常な心意気ではなかった。それは冒頭に掲げた本人の人生への姿勢に明確に示されている。以下、いくつかのエピソードを辿り、その人生観の一端に触れる。

廣井の若き時代の技術の金字塔である小樽築港（明治三〇〜四一（一八九七〜一九〇八）年）において、ある夜、暴風のため工事中の改修堤上に置かれた大型起重機が倒れそうになった。廣井は押し寄せる激浪をものともせず、部下を叱咤激励しその起重機を危機一髪で救った。その時、廣井の手にはピストルが握られていた。巨額の国家予算を投じ、工事にはまことに掛け替えのない機械を失うことは、国家に対し、同じく大規模公共事業に身命を賭している人々に対し、決して許

されないとの責任感の発露であった。

万一、起重機が倒れても、おそらく直ちにピストル自殺したのではなく、何か然るべき責任を果たしたであろう。ピストル持参は、並々ならぬ決意の現われであった。

廣井勇（1862-1928）

権威に屈しない信念

明治二三（一八九〇）年、廣井がアメリカとドイツ留学から帰国して一年後、ドイツ海軍東洋艦隊が小樽港に寄港し盛大な歓迎を受けた。司令長官は幕僚数人を従えて札幌に入り、北海道庁を表敬訪問することとなったが、道庁にはドイツ語の通訳可能な人がいなかった。そこで道庁の永山武四郎は札幌農学校教授であった廣井を来訪して通訳を願うこととし、書記を使者に立て札幌農学校に馬を走らせた。廣井は講義中であった。学生は二人。長官からの通訳要請を聞いた廣井は、〝今、授業中です〟と平然と答えた。書記は青年教授の意外な対応に面食らった。書記は道庁に電話をかけ、再度廣井のいる教室に戻った。〝ドイツ海軍艦隊司令官閣下の来訪であり、通訳がいないことは外交上も失態である。直ちに道庁に出向いていただきたい〟

それでも、廣井は全く取り合わなかった。〝今、授業中です〟とさらに力を込めて繰り返した。書記は憤然として教室を出たという。『広井勇の生涯』の著者高崎哲郎は、この件をさらに調べ、同年七月二三日の函館新聞でドイツ軍艦「ウォルフ号」の函館入港と出港を確かめたが、この軍艦が小樽へ立ち寄ったかどうかは確認できなかった。ドイツ東洋艦隊の小樽入港を伝える文献も発見できていない。

しかし、廣井ならばさもありなんとは、彼を知る誰もが認める話である。廣井は大学教授としての職務を、権威ある不意の要請よりはるかに重んじたのである。自分は今何をすべきか、一生を通して何を貫き通すべきか、その信念がつねに自然と行動に表れたのである。

札幌農学校の教育理念（人類愛とBe gentleman）

廣井の人生観を鍛え上げたのは、札幌農学校の〝Be gentleman〟に象徴される教育の方針である。明治九（一八七六）年、初代教頭（President）として札幌農学校に赴任したウィリアム・S・クラークは、学生にこう語りかけた。

〝私は諸君に知識や技術だけを教えに来たのではない。本当に学んで欲しいのは、人類愛の精神である。何ごとにもくじけないスピリットである〟

札幌農学校のカリキュラムはクラークによって編成され、知育、徳育、体育のバランスのとれた自由主義的な全人教育であった。クラークの帰国によって第二代教頭に任ぜられたウィリアム・ホイーラーは、数学、土木工学、図学、測量を担当し、これら学問を抽象的にではなく、原野ともいうべき北海道の開発に必須な実学として教育した。ホイーラーは、開拓使の依頼により札幌から石狩川の茨戸《ばらと》への運河、札幌・小樽間の馬車道路、小樽または石狩から札幌に達する鉄道敷設案などを調査している。明治一四（一八八一）年に札幌名物にもなった時計台、また農学校の洋風校舎などの設計をしたのもホイーラーであったが、クラークによれば、ホイーラーの一番の貢献は、測候所を建設し札幌の気象観測を始めたことだという。

雄々しくも気高い廣井山脈の形成

しかし、これらすべての功績よりも、はるかに重要な日本への貢献は、その後の日本の社会を形成する優秀な、そして人格に優れた多くの卒業生を世に出したことである。ホイーラーの影響を強く受けた一人が廣井勇である。廣井は彼から土木技術はもちろん、技術の思想と倫理、換言すれば、技術者としての人生観の確立を伝えられた。思想とか倫理は本来、講義で教えられて会得できるものではない。ホイーラーの言動に接して、それを糧として自らの人生観に注ぎ込んだといえよう。

廣井は、明治一〇(一八七七)年の札幌農学校入学前に工部大学校予科に学んでいる。札幌農学校教育による人間形成以前に、工部大学校において〝土木の総合性〟の重要性についても触れたに違いない。

明治三二(一八九九)年、廣井は東京帝大工科大学教授に任ぜられ、大正八(一九一九)年六月まで二〇年間、その任を全うしたが、その最大の功績は、日本のインフラ近代化に至大な貢献をした数多くの逸材を次々と世に送り出したことである。特に、技術に優れた人材を育成したことは言うまでもなく、むしろ技術者としての人生を以心伝心で伝えたことがより重要である。高崎哲郎は、廣井の札幌時代を含め、東大時代に廣井から薫陶を得た多くの弟子たちを総称して〝廣井山脈〟と呼んだ。この山脈は、遠く望めば数々の嶺を擁し、雄々しくも壮麗であり、近く寄れば

東京帝国大学名誉教授 廣井勇

暖かくも厳しさを体感できる山懐であった。

廣井の日常生活は規則正しく、四季を問わず毎朝五時起床、午後一〇時に就寝した。書斎には英語、ドイツ語の哲学書、文学書、宗教、経済、歴史などの全集が並んでいた。二〇年間勤めた帝大を辞職したのは、多くの教授の場合のように定年によるものではなかった。帝大に定年制が導入されたのは、大正八年であり、教授会で定年制が議題となった際、廣井は真っ向から反対した。〟学者は生きている限り、人の為め、世の為め、精魂込めて働くべきである。歳を取れば隠居して楽をしようなどとはとんでもない。学者は自らの学問に限界が来たと感じた時に潔く辞めればいい〟との廣井の持論は認められず、定年制は多数決で決定した。彼は定年制に従うことを潔しとせず、その時点で定められた定年まで三年を残して教授職を辞した。廣井は常々、大学令などが相次いで発令され、教授会が文部省方針に無批判に従っていることに不満を持っていた。彼は、教授会が定めた定年制よりも自説に忠実に従うことを選んだのである。

與天無極――天と與に極り無し

廣井の現場における最大の功績は、言うまでもなく小樽港の中核をなす北防波堤築堤である。東洋で初めて外海の荒海の大波に耐える防波堤完成は、明治時代においては田辺朔郎による琵琶湖疏水の完成と並ぶ、日本の土木技術の独立を証明する快挙であった。いずれも、完成した成果はもとより田辺朔郎および廣井勇の心意気の結晶であり、人生観、特に責任感の賜であった。この竣工記念碑には、北垣国道北海道長官の撰文「與天無極」が篆刻されている。

後世への責任感

廣井は小樽築港着手前年から、コンクリートの強度試験用のテストピースを製作した。これは廣井没後の昭和一二(一九三七)年まで続き、四〇年間における総数は六万個に達した。当時、コンクリートの強度、特に耐久度に関して解明されていない点が多く、廣井は日本で初めてのコンクリートを積み上げる防波堤の将来の耐久性に対して極めて慎重であった。この強度試験は、材齢一週間後から一〇年後まで、それ以後は五年ごとに行われた。つまり、廣井は自らが初めて建設したコンクリート防波堤の将来の強度について、自らの死後まで責任を持つべきことを、この百年計画のテストピースの破壊試験に示したのである。

コンクリート・テストピースは、100年後まで強度をテストするように用意され、現在もなお定期的に当時のコンクリートの強度が計測されている。

この大工事に当たっては、技術的に多くの新機軸が見られる。例えば、コンクリート製造に際して火山灰を利用した英断である。このセメントへの火山灰の混入は、ドイツのミハエリスが試験を経て実証していた。それを廣井はフランスの雑誌で知り、日本は火山灰の入手が容易であるので早速使用した。明治三一（一八九八）年になってセメントの価格が急騰し工事費が高まっていたので、セメント量の節約が求められていた。海中工事に使用するセメントに火山灰を混入すれば、その建造物の耐久性を強めるとともに、セメント量の節約にもなる。これに対し、欧州のセメント会社は猛反対した。なにせ、全く新しい方法なので、逡巡する技術者が多かった。廣井の好判断が高価なセメント使用を減らし、工費削減に貢献したのである。

比類なき数々の名著

廣井は余人の到達し得ない名著を出版している。明治三八（一九〇五）年にニューヨークのノストランド社から出版した"Plate Girder Construction"は同社による科学叢書シリーズの九五巻であり、プレート・ガーダーの建設作業に絞ったこのテキストブックは、明快な論旨で解説され、アメリカの代表的技術誌の"Engineering News"に高く評価され、橋梁工学者にとって極めて便利で実務的好著としてアメリカ国内主要大学で教科書としてあまねく読まれ、理工系大学図書館に現在も蔵書されているという。

『築港』は当初五巻にわたり逐次刊行されたが、明治四〇（一九〇七）年に丸善から『築港（前編、後編）』の二冊にまとめられて出版された。築港工事現場の技術者向けに、具体的な工事監督と研究の成果を解説している。小樽築港とその調査の貴重な成果を踏まえての、廣井ならではの大著である。さらに、改訂版が前・後編とも出版された。国内および海外の著名な工事を多く引用し、多数の解説図を含み、その当時としては、海外にもこれに匹敵する築港の文献はないであろう。英訳されなかったのが惜しまれる。

『日本築港史』（丸善、一九二七年）は、他界の一年半前に出版された大著である。そもそも昭和初期には、技術の歴史を研究して世に問う風潮はなかった。廣井が日本における港湾建設の歴史書の重要性を深く認識し、心血を注いでまとめ上げた技術書である。中世の港湾工事から説き起こし、大正期までに着工した全国五四港について、計画、設計、施工の方法、その成果と社会への影響を、地図や設計図とともに集大成した畢生の力作である。しかも各事業に率直な批評を加えているのは、類書には全く見られない。廣井以外の誰が、このような詳細にして個性豊かな書を世に出し得たであろうか。

友情の絆、そして土地とそこに暮らす人々への思慕

廣井の人生を暖かくふくよかにしたのは、札幌農学校第二期同級生の内村鑑三、太田（新渡戸）稲造、宮部金吾、池田（南）鷹次郎、高木玉太郎ら、いずれもサムライの子弟たちであり、その深い友情の絆は長く続いた。廣井が入学に際し学校側に提出した〝入学證書〟は誓約書であり、そこには〝北海道に骨を埋める〟との決心が見える。札幌農学校の倫理教育は、友情とともに、仕事の対象となった土地とそこに暮らす人々への思慕もまた重要な生き方であったと思われる。その精神的基盤は、武士道を根底に持つ敬虔なクリスチャンとしての生活であった。廣井は慈善団体などに積極的に何度も寄付をしていた。貧しい人、病に悩む人への同情も厚かった。真冬の夜、新調の綿入れ羽織をまとい散歩に出たが、帰宅したときには羽織を着ていない。街頭で寒さに

札幌農学校第2期同級生。左から内村鑑三、廣井勇、新渡戸稲造、右の2人は第1期生（1928年6月のメリマン・C・ハリス墓前祈祷会にて）

震えていたホームレスの老人に羽織を脱ぎ与えたのであった。

静かな別れ

昭和三（一九二八）年一〇月一〇日、廣井は丸善より出版予定の英和工学辞典編集会議に帝大土木工学へ赴いた。午後五時頃、私邸に帰り、いつもと変わりなく夕食をとりラジオを聴いていた。午後一〇時過ぎ、胸の苦痛を訴え家族が駆けつけたが、あっけなく一五分後に息を引き取った。急性狭心症であった。六六歳。網子夫人の手記に、〝医師の来る間もなく十分位のうちにこと切れ、神の御許に召された。只々夢の如し〟（浅田英祺「北のいぶき」八号）とある。

最初に駆けつけたのは、旧友の内村鑑三であった。彼は直ちに札幌の宮部金吾に電報を打った。

「ヒロイ　サクヤ　シンダ　ウチムラ」

一〇月四日、自宅で葬儀が行われた。学友であった内村の追悼文は、札幌農学校以来約半世紀に及ぶ友情ならではの心のこもった惜別の情の発露であった。

「……私の同窓同級の友廣井勇君は永き眠りに就かれました。（中略）職務に対して最も忠実なる人でありました。君は明治・大正が生んだ大土木工学者中の一人でありまして、殊に築港の学と術に於いては世界的権威でありました。君は何れの方面より見ても偉大なる人でありました。私は君の如き人を私の同窓同級の友として持ちしことを誇りとし、又君と浅からぬ友誼的関係を一生涯を通じて続け得しことを感謝します。（中略）

廣井君在りて明治・大正の日本は清きエンジニアーを持ちました。（中略）日本の工学界に廣井勇君ありと聞いて、私共はその将来に就き大いなる希望を懐いて可なりと信じます。（中略）

君の工学は君自身を益せずして、国家と社会と民衆とを永久に益したのであります。廣井君の工学は基督教的紳士の工学でありました。君の生涯の事業はそれが故に殊に貴いのでありま す。（中略）

君に降りし神の命は他に在ったのであります。君は伝道師に成られずに土木学者になられました。そして君は一日、正直に私にその理由を語られました。

『この貧乏国に在りて民に食物を供せずして宗教を教えうるも益少なし。僕は今より伝道を

小樽運河公園に立つ廣井勇の胸像

断念して工学に入る』と。私は白状します。君のこの告白は私の若き心に強き感動を起こしましたことを。（中略）

廣井君の事業よりも廣井君自身が偉かったのであります。廣井君は君の人となりを君の天与の才能なる工学を以って現したのであります。……」

廣井没後一年を経て、昭和四（一九二九）年一〇月一二日、廣井勇博士胸像除幕式が小樽公園で行われた。胸像は、小樽港を眼下に、南と北の両防波堤を見渡せる丘に建てられた。その後、胸像は運河近くに移されている。

昭和五（一九三〇）年一〇月、故広井工学博士記念事業会により『英和工学辞典』（丸善）が刊行された。亡くなった日にも、この辞典の編集会議に出席していたことを思えば、〝学者は命ある限り、精魂込めて、人の為め、世の為めに働くべきである〟との彼自身のコトバを守りつつ世に別れを告げたのである。

廣井の胸像は、廣井が青春の血を燃やし、まさに命懸けで取り組んだ小樽港の北防波堤をはるかに眺めている。胸像を訪れるわれわれ後輩は、端然たる廣井像に、明治・大正に日本のインフラの基礎をひたむきに創り上げた誠意と熱意を感じて感動する。その感動から、廣井の意志は後輩に伝わるに違いない。それでこそ、われわれは廣井に継ぐ清きインフラ創造技術者たり得よう。

廣井勇が東京帝大土木工学科で直接指導した学生は、明治三三（一九〇〇）年七月から大正八（一九一九）年までの一九年間の卒業生である。高崎哲郎は、この期間に多くの逸材が輩出され、東大土木の一大黄金時代が築かれ、その中核を担ったのが廣井山脈であったと評価している。廣井は卒業生に、可能な限り早く欧米にて研鑽を積むこと、そのために英語、ドイツ語などの外国語学習に努め、独創的な学術論文を英語で書くことを強く求めていた。高崎はこの間の卒業生から著名な門下生を卒業年次別に約五〇名リストアップしている。

◉天意を覚った真の技術者——青山士《あきら》

〝萬象ニ天意ヲ覺ル者ハ幸ナリ　人類ノ為メ國ノ為メ〟

昭和二四（一九四九）年夏、筆者は東京大学第二工学部土木工学科の卒業論文作成のため信濃川大河津分水地点の建設省宿舎にいた。この地点から日本海岸の寺泊へ向けて、信濃川放水路が掘削された。この放水路は、江戸時代以来、幾多の紆余曲折を経て、昭和六（一九三一）年六月にようやく完成にこぎつけた。戦前では、日本屈指の河川事業であった。大河津地点から新潟市の河口まで五五キロメートルであり、放水路、いわゆる大河津分水は大河津地点から日本海への最短距離約一〇キロを開削したのである。

ここには放水路完成を機に幾多の記念碑が立てられた。その一つで、冒頭に掲げた格調高い文を日本語とエスペラント語で併記した記念碑は、それまでに接したことのない高邁な理想に溢れた迫力があった。この碑は、放水路完成の昭和六年に、当時の内務省新潟土木出張所長（現在

信濃川補修工事竣功記念碑の表と裏の題額（図案は北原三佳による）

青山士（1878-1963）

の国土交通省北陸地方整備局長）青山士の発案により建立された。

青山士（一八七八〜一九六三）の名前は、かねがね卒論指導の安藝皎一《こういち》教授から伺っていた。特に青山先輩が大学卒業後（明治三六（一九〇三）年七月東大土木工学科卒）、直ちにパナマ運河工事に日本人技術者としてただ一人参加した話は、筆者に強い感動を与えていた。その青山が、世紀の事業と言われる大河津分水事業を指揮し、このような名文を刻んだ記念碑を設立したことは、青山への筆者の尊敬の念をさらに高めていた。

大河津の記念碑

それから一四年後、筆者の東大助教授時代、青山士の静岡県磐田のご自宅を二回訪ねる機会を得た。第一回は、昭和三六（一九六一）年九月七日、まだ暑い日差しを浴びながら、心ときめかしつつ初めてその温顔に接し得た。筆者三四歳、青山先輩八二歳であった。お宅では奥様が応対してくださり、ご長男の多恵さんをご紹介いただいた。若輩の私を、青山ご夫妻は暖かく親しげに迎えられた。私はまず、大河津の記念碑についてお伺いした。エスペラント語を併記した記念碑の文章は、もとより青山自身の創案であり、図案は北原三佳、エスペラント語訳は、その前年に他界した山口昇教授とのことであった。私は、その葬儀に参列していた。それまで山口教授にはお目にかかったこともないのに、その頃しばしば会話を交わしていた最上武雄教授から伺っており、僭越にも敬慕の念を抱いていた力学の大家であった。噂によれば、山口昇（一八九一～一九六一）は、力学、数学の権威であり、外国語に関しては、英独仏語はもとより、ギリシャ語、ラテン語にも通じていたそうで、私はその多才と努力に限りない敬意を表していた。山口には、『応用力学ハンドブック』（一九五〇年）、『土の力学』（一九五六年）などの名著がある。エスペラント語は、ポーラン

静岡県磐田の青山家の庭にて（1961年）

ドの言語学者であり眼科医でもあったザメンホフ（一八五九〜一九一七）が、世界平和推進のため国際言語を提唱し、〝望みを抱く人〟の訳としてエスペラント語とし、明治一〇（一八七七）年に公表した言語であり、わが国でも明治三九（一九〇六）年に日本エスペラント協会が発足している。普及しやすいよう複雑な文法を廃し、比較的簡潔を旨としている。全人類が母国語とエスペラント語を習得することを理想としていた。

つねに〝人類のため〟を志していた青山であったので、この記念碑文も国際語としてのエスペラント語を併記したのである。ところが、このエスペラント語が特別高等警察（特高）の目に留まると、反国家的となる。当時新潟では、エスペラント研究者に警察の手入れもあった。山口教授もその点について、青山士に注意するよう助言されていた。案の定、青山のもとにも特高から取調べがあった。もっとも、非戦論者の内村鑑三には、つねに特高の目が光っており、内村の弟子の青山も警察から監視の的であった。

この記念碑文について、その真の意味を多くの人から問われるたびに青山は、〝それぞれの思うがままに解釈をされればよい〟と答えていた。〝人類ノ為メ國ノ為メ〟も、当時の国粋主義的社会風潮から考えれば、当然〝國〟が〝人類〟より優先されなければならなかった時代であったが、青山の人生観においては、それぞれの国家、国民ではなく、まず全人類がつねに念頭にあった。信濃川治水に当たっても、新潟県民のためではあるが、むしろ人類のための工事であるとの深い意識と強い信念があった。

このように、国家よりも人類を重視する人生観は、主として青山の第一高等学校時代に培われた。旧制高校生の多くは、自分は何のために生まれたのか、自分は死ぬまでに何をすべきかと悩み抜く。それを考え考え、毎晩のように眠れぬ日が続いた。それを救ったのが内村鑑三であった。内村不朽の名著『後世への最大遺物』は、彼の明治二二（一八八九）年における教会での講話であった。ここで内村は、人間の生き甲斐とは、後世に遺すにふさわしい何ができるかである。そのためには土木技術者になることだ。土木事業こそ、後世のため、百年後の人たちのための仕事ができる。しかし、誰もが土木事業、すなわち公共のための社会資本建設に直接携われるわけではない。誰にとってもできる〝後世への最大遺物〟は、〝勇気ある高尚な生涯〟を送ること、それが彼の結論であった。

一高から東京帝大、そしてパナマへ

教会で内村に師事した青山は、内村から彼の無二の親友である廣井勇が教授を務めている東京帝大の土木工学科への進学を強く勧められた。内村の教えを十二分に吸収した青山は、一高時代から、大学卒業後土木技術者となって、人類のためになる仕事に従事することを心に定めていた。

青山が大学生の頃は不景気で就職難であった。しかし、青山は国内で就職する意志はなく、ともかく世界を見渡して、人類にとって最も重要な仕事に挑むことを念願していた。廣井勇は、青山の卒業論文、鉄筋コンクリート橋の設計を指導した。その明治三六（一九〇三）年、東大では初めて鉄筋コンクリートの講義が廣井によって始められた。青山の就職についても、廣井の親友、コロンビア大学のバア教授（William Hulet Burr）への紹介状を得て、卒業から一ヵ月後、明治三六年八月一一日、横浜港から米国へ渡った。当時、人類が渇望していたのはパナマ運河工事であると確認した青山が選んだ就職先であった。旅順丸（約四千トン）に乗り、まずアメリカ合衆国のシアトルで下船。ここで数ヵ月アルバイトで過ごし、やがてニューヨークにてバア教授と面会し、パナマ運河関連の情報を集めた。明治三七（一九〇四）年二月に、パナマ共和国と米国との運河条約が批准された。バア教授の好意で、ニューヨークを同年六月一日出発、六月七日パナマのコロン港着。青山の憧れていたパナマでの生活が始まった。

パナマ工事参加

日本人で唯一人の技術者としてパナマ運河工事に参加した青山は、並々ならぬ決意であった。その意志があればこそ、客観的には困難な仕事にも、何の苦痛も感じないどころか、自らが人類にとって極めて有意義な仕事をしているとの自負と満足感に満ちていた。

コロン港到着の翌日、蚊帳と毛布一枚を渡され、ボビオ村に落ち着いた。最初の工事は、堰提候補地の測量と地質調査、ガトゥン湖の地形測量、シャグレス河の河川測量であった。この種の測量は、大学時代経験があったとはいえ、地形、気候、衛生、そして何よりも生活環境は全く異なっていた。日本の大学での実習は、その点では何の役にも立たなかった。

測量は、河畔でのテント生活であった。何せ千古斧を入れぬジャングル内での仕事であり、測量の見通しを良くするために、密林の木を一本一本切り開く労力だけでも並大抵ではなかった。個々の測量隊は、アメリカ人のエンジニア一人に地元労務者四～五人で、その他食料運搬や料理人も加わり、測量隊本部にチーフ一人、エンジニア五～六人であった。

青山は一人で地元労務者五人、料理人一人を率いていたが、ある時、激しい下痢にかかり、二本の大木を倒して並べてあるトイレに夜中ランタンを携えて行くのは、並大抵の苦労ではなかった。医師は現場にはおらず、三～四日断食、料理人が獲ってきた山鳥のスープでどうにか力をつけたが、その直後、またも倒れ、地元労務者に背負われて帰ったこともあった。また、谷川にて水準測量中、豪雨によって谷川が急に流量を増し、川を渡ることは容易でなかった。そこで、野帳の入った鞄を頭上に結び付けて泳ぎ渡ったが、その途中、鞄が下流へ流れて行くのに気づき、懸命に泳いで追いかけ、鞄を口にくわえ何とか対岸に辿りついた。翌日、そのすぐ下流に滝を見つけてゾッとしたという。かつてニューヨーク・セントラルの鉄道工事において、線路でトランシット測量のアルバイト中、急行列車が後ろから驀進してきて間一髪助かったこともあった。さらに、パナマでの密林生活中には、蜂、大蟻、ダニ、鰐、さそりなどが、乾季・雨季にこもごも現れ、これら動物との応戦も容易ではなかった。

パナマ地峡は、当時世界でも名だたる不健康地であり、労務者の約一割はマラリア、黄熱病、伝染病などで命を落としていた。〝パナマ横断鉄道では、使用した枕木の数だけ人命が失われた〟という言い伝えが流布されていた。もっとも、当局も衛生改良に努め、青山が帰国した明治四四（一九一一）年頃には、アメリカ人の住む集落には蚊がいなくなったという。

二年余の現場のテント生活による測量後、青山はガトゥンへ戻り、一〇人の設計技師の一人に昇進、ガトゥン・ダムの余水吐、ガトゥン閘門の設計などに従事した。明治四四年一一月一一日、青山は、パナマ運河の完成間近、七年半のパナマ滞在から突如、辞表を送って帰国した。

パナマ運河が大正三（一九一四）年開通したことによって、太平洋と大西洋が赤道近くで連絡できることになり、世界の海上交通は一挙に便利になった。全長約八〇キロメートル、現在では年間一万四五〇〇隻の船舶がここを通過する。バルク船（七万トン）が積荷を満載した場合の通航料は約三千万円であり、パナマ共和国にとって重要な財源である。しかし、拡大しつつある現代の通過需要に対し、運河の通過能力はいかにも不十分であり、パナマ政府は平成一九（二〇〇七）年

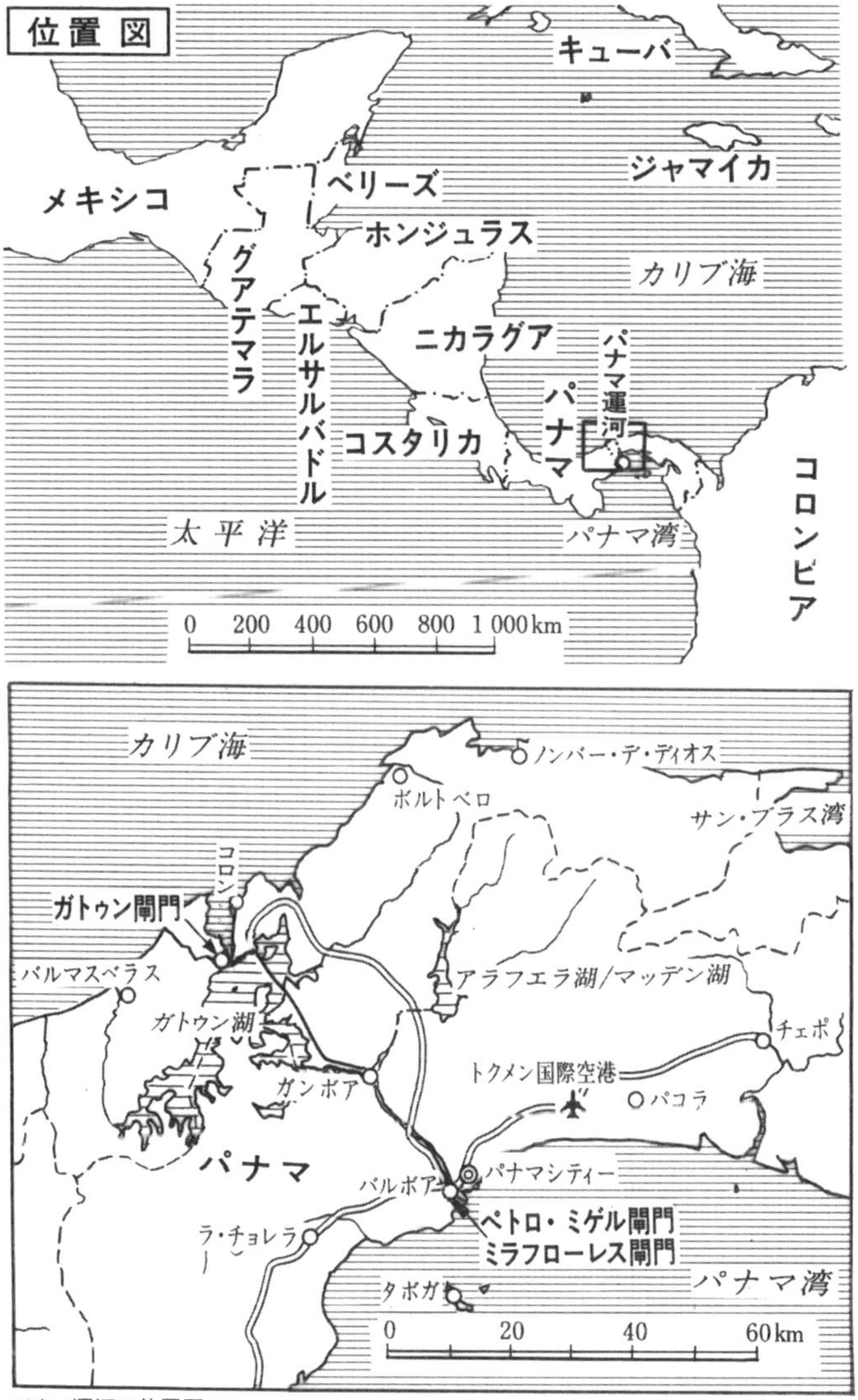
位置図
キューバ
ジャマイカ
メキシコ
ベリーズ
ホンジュラス
カリブ海
グアテマラ
エルサルバドル
ニカラグア
パナマ運河
パナマ
コスタリカ
コロンビア
太平洋
パナマ湾
0 200 400 600 800 1 000 km
カリブ海
ノンバー・デ・ディオス
ポルトベロ
サン・ブラス湾
コロン
ガトゥン閘門
バルマスベラス
アラフエラ湖/マッデン湖
ガトゥン湖
チェポ
トクメン国際空港
ガンボア
パコラ
パナマ
パナマシティー
バルボア
ペトロ・ミゲル閘門
ラ・チョレラ
ミラフローレス閘門
パナマ湾
タボガ
0 20 40 60 km

パナマ運河の位置図

に拡張工事に着手した。運航量を約二倍増やし、現在の運河幅では三二メートルまでの船舶しか航行できないのを、幅四九メートルの液化天然ガス（ＬＮＧ）用船舶の航行に使えるようにする。日本は平成二九（二〇一七）年から割安のシェールガス輸入計画を遂行するのに、運河拡幅は必須の条件となっている。日本政府としても、現在遅れている拡幅工事の早期完成を求めて、港湾整備などにさらに一〇〇億円規模の追加融資（総額最大九〇〇億円）を検討している。パナマ政府は二三億ドルを海外から調達しており、日本は国際協力銀行（ＪＢＩＣ）が既に八億ドルを融資する最大の支援国である。（平成二六（二〇一四）年四月一五日、日本経済新聞夕刊記事から）

兄の戦死

青山がパナマに到着した翌年、日露戦争（明治三七〜三八（一九〇四〜一九〇五）年）が勃発した。明治三八年五月七日、奉天（現在の瀋陽）陥落直前、兄市川紀元二が壮烈な戦死を遂げた。市川少尉は東大電気工学科卒、国家の経綸について卓抜な思想を持っていた。彼は、専門知識が役立つ電気通信に関する公務を担当していた。遼陽攻撃では、多数の日本兵を従え、その先頭に立って敵陣目掛け、一番乗りの栄に浴し、中尉に昇進した。しかし、次の激戦地李官堡でロシア軍の機関銃に倒れ、帰らぬ人となった。その勇敢な行動は、帝国大学卒の英雄とされ、戦後、ブロンズ像が東京帝大運動場に、制服姿の立像が郷里の静岡県中泉駅に建立された。

兄の訃報は、郷里・中泉の父からパナマ奥地の青山のもとに届いた。内村の戦争批判の影響を受けていた青山は、兄と幼少の頃から論じ合い、苦楽を共にしたことを想起し悲しみに浸ったが、兄の戦死を無条件に称えることはできなかったようである。東京帝大のブロンズ像は、現在、静岡市の護国神社に移されている。

突然の帰国

青山の突然の帰国は、周辺の同僚にとって驚きであった。彼のパナマ運河工事への献身的努力、技術者としての能力は、運河従事者に高く評価されていた。青山の辞表は、ガトゥンにある大西洋工区の主任技師からＩＣＣ理事長ゴーザルス大佐に提出、受理された。受理の公式文書に添付された説明には、〝彼の行動は極めて優秀であった〟とある。

帰国の理由については、本人は黙して語らなかった。日露戦争後、米国カリフォルニア州や中南米の一部で反日運動が激化した。パナマ運河は世界交通の中でも特に重要であり、軍事施設でもある。そのような工事に日本人が参加すること自体困難になっていた。日露戦争の勝利に決定的ともいえる影響を与えたのは、日本海海戦であった。米国海軍にとって、日本恐るべし、との脅威を与え、いずれ日米開戦ともなれば、日本海軍はパナマ運河攻撃を実行する恐れがある。そのような情勢下、青山は日本海軍が送ったスパイとの風評が巻き起こった。パナマ運河のような難工事に、わざわざ地球の反対側から馳せ参ずることが、共に働いた技術者たちは別として、一般には容易には理解され難かった。青山スパイ説は、地元の新聞にも記事となったこともあり、いずれは帰国を考えていた青山は、帰国の潮時と判断したのであろうか。

青山のパナマ運河工事参加中、五回の邦人の訪問を受けた。神戸正雄（京都帝大法学部教授）、上野季三郎（サンフランシスコ総領事）らであった。八代海軍中将率いる練習艦隊が入港、長谷川清中尉（のちの横須賀鎮守府司令官長官、海軍大臣）が多くの士官候補生を連れて運河見学に上陸している。太平洋戦争に日本敗北の兆しが見え始めた昭和一八（一九四三）年、海軍大臣長谷川清の紹介状を持参の海軍士官が、下落合の青山宅を訪ねた。パナマ運河爆破計画のために、運河関連の地図などの資料提供を依頼した。青山は、〝せっかく皆で苦労して造ったのだから、そっくりそのまま貰うことを考えたらどうじゃ〟と答えた。しかし、当時の海軍関係者によれば、青山は若干の資料は海軍に提供したようである（来訪した若い海軍士官に資料の一部を渡しつつも、〝私は運河などの造り方は知っているが、壊し方は知らないよ〟とにこやかに言ったのではあるまいか）。昭和一七（一九四二）年、山本五十六連合艦隊司令長官は、具体的なパナマ運河爆破計画を練っていた。攻撃機三機を搭載できる世界最大の潜水空母四艦を昭和一九（一九四四）年一二月に竣工、石川県能登半島沖でパナマ運河爆破の訓練を行っていた。この計画は、敗戦を迎え実現しなかった。

荒川放水路工事を指揮

青山は、明治四五（一九一二）年一月帰国、直ちに廣井教授を訪ねてパナマでの報告をし、就職は師の勧めで同年二月二九日辞令で内務省に奉職。以後、荒川放水路、信濃川放水路工事を指揮し、昭和一一（一九三六）年内務技監で退官するまで約二五年間、内務省に勤めた。

帰国当初の頃、鉄筋コンクリートが普及し始めたが、青山は特にその普及に熱心であった。その頃は、常磐線では鉄を丹念に磨いて鉄筋に入れた話、ある橋では鉄筋にリベットを打った話など、珍談も多かったようだ。春休みには、京大にしかなかったアーチ理論の文献を複写するために、京大寄宿舎の林桂一研究室の部屋に泊まり込んだそうである。

青山は、廣井の紹介状を持って内務省を訪ね、近藤虎五郎課長（明治二〇年東大土木卒。青山は明治三六年であるから一六年先輩）に面会、東大卒業後、パナマ運河工事に従事したことを具体的に報告すると、近藤自身が大学卒業後、アメリカへ渡り土木事業の体験経験があるので話は弾み、青山に好感をもって対応したようである。明治四五（一九一二）年二月二九日、内務省の技師として採用任官した。その後、当時内務省技術官のトップにおり、絶大な権力と赫々たる河川改修の実績を有する沖野忠雄技監に面会した。沖野は、信濃川の大河津分水工事を青山に勧めた。ところが青山は、土石掘削はパナマで十二分に経験していたので、大河津分水には気が進まずお断りしたい。それでなければ内務省に採用できないならば、内務省に入らなくてもよい、と答えたという。

技監はそれではと、荒川下流改修と放水路の大プロジェクトを勧め、それを青山は承諾した。

その頃、沖野技監は絶大な権力を有し、部下は誰もが平伏していた。その命令に反することは、普通は考えられない。沖野も直ちに次の案を提案したのは、おそらく初対面ながら、廣井の紹介状、青山のパナマでの奮闘とその心意気を高く評価したからであろう。

荒川は、その名のごとく、しばしば大洪水に見舞われた。特に明治四三（一九一〇）年八月には未曾有と言われる大洪水が荒川、利根川はじめ関東地方の諸河川を襲った。利根川、荒川の破堤によって東京東部の下町は水没した。内務省は利根川、荒川、多摩川を特に重点的に、関東全域にまたがる治水計画を立案した。荒川に関しては、岩淵から砂町地先までの約二二キロメートルに及ぶ放水路開削を計画した。荒川の巨大流量を、新設される荒川放水路に流出させ、破堤などによる氾濫を防ぐのが目的であった。

内務省は、明治四四（一九一一）年に早くも掘削工事に着手、大正二（一九一三）年には地元住民を対象とする用地買収と移転交渉を開始、わずか三カ月で目標の八五パーセントの契約を結ぶという異例の早さであった。東京都東部低地の何百万人を水害から守るための、国家的にも重要な治水事業であった。総工費三一四四万円、今日の金額で約六〇〇億円近かったが、当時、軍事費増大が国家財政上の重要な資金戦略であった軍国主義跳梁下、治水事業も過大であってはならないとの風潮があった。

青山士と宮本武之輔

大正七（一九一八）年七月二二日、青山は荒川改修事務所主任となり、荒川改修、同放水路開削工事の総指揮をとることとなった。時に四〇歳、技術者として脂の乗り切った壮年時代であった。大正八（一九一九）年九月三日、若手のホープ宮本武之輔が着任、放水路下流部の小名木川閘門の設計施工を担当する。宮本は大正六（一九一七）年東大土木卒、青山の一三年後輩となる。共に東大では廣井勇の薫陶を得た同門同志である。この両者は、まず荒川放水路で共に仕事に励み、後に信濃川大河津分水でも上司と部下という関係である。いずれも大正から昭和にかけて、日本で最重要な河川事業を共に仕上げた。年齢差はもとより、人生観、生き様、趣味、人々との交際観は極めて異なる。極端に言えば、それらの生活態度は正反対とさえいえる。しかし、異なる考え方の両天才が、お互いの立場を理解しつつ、日本屈指の河川大事業に邁進できたことは、日本の河川事業の発展にとって、貴重な好運であった。当時のどの技術者の組合せを画いても、これに勝る名コンビは考えられない。

生活、技術手段の考え方が、この両者ほど異なる姿勢の持ち主はいない。青山は、言うまでもなく敬虔なクリスチャンであり、日々の行動を厳しく律する真面目一徹な人生を通した。その限りでは、廣井の第一弟子であることを誰もが認めるであろう。宮本は、恐るべき幅広い教養と見識を持ち、いかなる立場、人生観を異にする人々とも交友関係を結ぶことのできる稀な人材であった。現場では労務者と毎夜酒を飲み交わし歌い踊るほど陽気であり、奔放不羈、日常の些事に拘泥せず、いわゆる行動的快男児であった。この両者は、河川技術者としては稀に見る有能の持ち主であり、仕事への熱意、理想に燃える点では全く同様であった。

両者には多くの考えの違いがあった。宮本の日記には、青山への批判が散見される。いわく〝青山技師の正義感は、頗る不徹底なり〟

実行力を尊ぶ宮本から見れば、青山の提案と実行との隔たりには不満があったのであろう。また宮本の大河津滞在中、寺泊の芸妓お千代と深い仲となった件については、青山は直接忠告しなかったようであるが、敬虔なクリスチャンであった青山夫人は厳しく批判していた。しかし、宮本の包容力と青山の寛容な姿勢が、両者の人生の処し方の隔たりを越え、お互いの長所を尊び、先輩・後輩の垣根を保ちつつも、技術を通して二人を深く結んでいたのである。

岩淵水門

荒川放水路工事の中でも、最も重要かつ最も困難な工事は岩淵閘門であった。まず底なしの軟弱地盤対策をどうするか。ここでパナマ運河工事の経験が生きた。そこで、日本でまだ実験段階であった鉄筋コンクリート工法により、二〇メートルも河床を掘り下げ、五つのゲートに分けた水門とした。その五番ゲートは舟を通す特殊構造とした。旧荒川である隅田川には、毎時三万

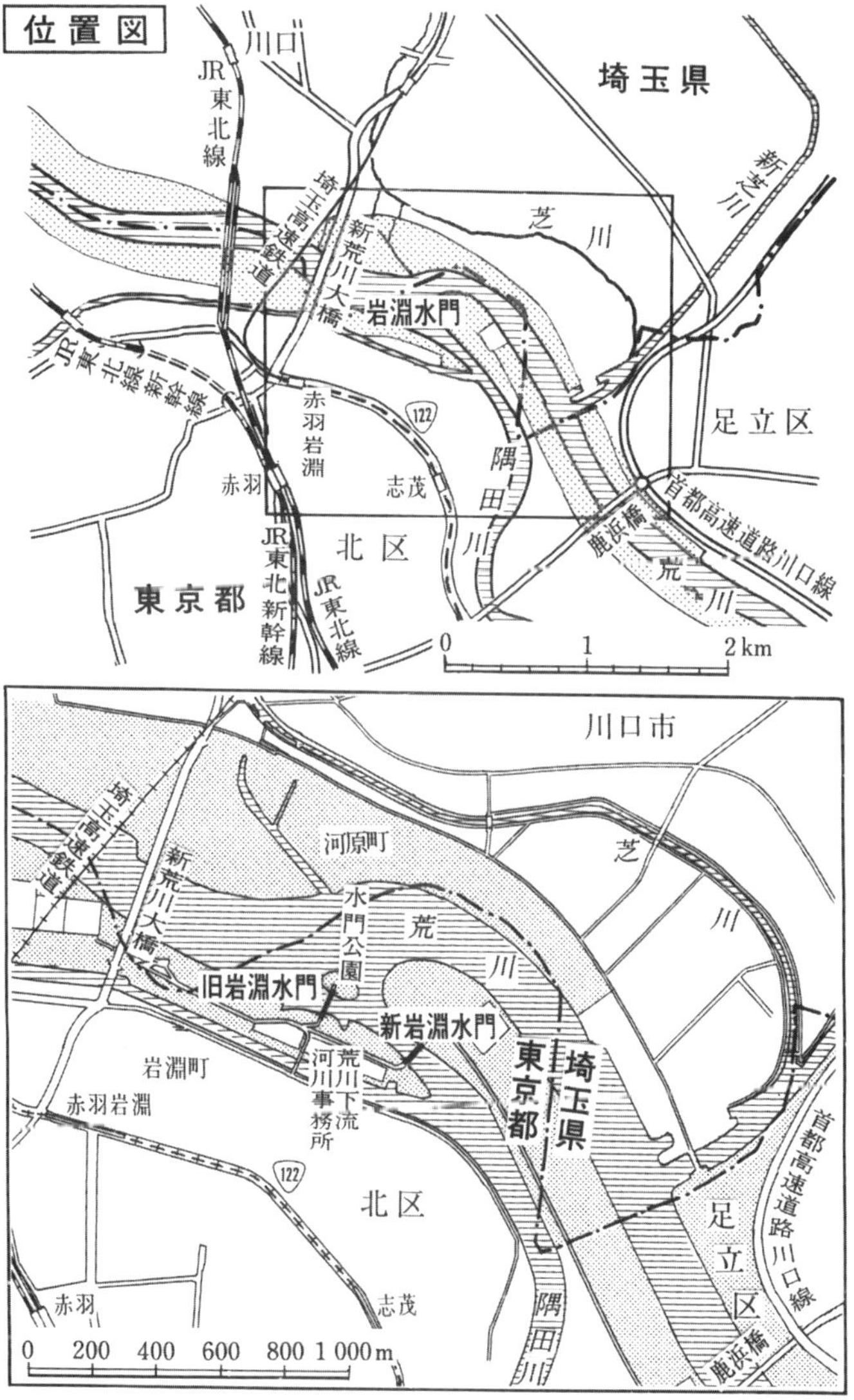
位置図
川口
埼玉県
JR東北線
埼玉高速鉄道
新荒川大橋
岩淵水門
芝川
新芝川
JR東北線新幹線
赤羽岩淵
122
足立区
隅田川
赤羽
志茂
首都高速道路川口線
鹿浜橋
北区
荒川
東京都
JR東北新幹線
JR東北線
0 1 2km
川口市
埼玉高速鉄道
河原町
新荒川大橋
水門公園
荒川
芝川
旧岩淵水門
新岩淵水門
荒川下流河川事務所
東京都
埼玉県
岩淵町
赤羽岩淵
首都高速道路川口線
122
北区
足立区
赤羽
志茂
隅田川
鹿浜橋
0 200 400 600 800 1 000m

岩淵水門の位置図

立方尺（八三〇立方メートル）を常時流し、放水路にはそれ以上の流量、したがって洪水時の大部分の流量を流すことになる。なお、大正末期までは内務省では原則として尺貫法を用いており、流量も毎秒一立方尺を一個と呼んでいた。

この岩淵水門の設計に当たっては、青山原案の杭打は沖野技監ら幹部の反対によって井筒基礎としたが、床板には青山の持論を通し、鉄筋コンクリートを採用した。こうして建設された、開閉自在であり、深い基礎とした岩淵水門は、関東大震災にも被害を受けず、戦後まで続いて地盤沈下にも耐えた。現在では新水門が完成したので、本来の役割を終えたが、記念碑として〝赤水門〟の愛称によって親しまれている。水門の金属性部分が錆止めの赤い塗料で塗られているからである。この工事中、全作業員を水門近くに集め、天ぷら大会と称して日本酒を振舞った。この種の慰労の経費は、青山はつねに全額個人的に負担していた。

青山は業者からの贈り物には厳しく、一切受け取らなかった。むしろ、その種の業者には特に厳しく対処した。ある時は、青山家にソッと置いた贈り物に怒った青山は、その贈り物を持って追っかけ、激しく叱りながら返したという。

関東大震災と在日韓国・朝鮮人

大正一二（一九二三）年九月一日の関東大震災（マグニチュード七・九）は未曾有の大災害であった。

死者行方不明者約一五万人、罹災者三四〇万人にも達した。この大震災で在日韓国・朝鮮人六千人以上、在日中国人七百人以上が虐殺された。この虐殺は、事実無根の流言飛語が流布され、自警団に組織された日本の民衆が、軍隊・警察と共に行った。主として東京、横浜で発生したが、埼玉、千葉、茨城県内でも起こった。デマは、朝鮮人が放火した、井戸に毒を入れたなどであった。また、社会主義者、無政府主義者ら一二人も殺害された。

荒川放水路工事現場では、二八カ所で地盤の亀裂、陥没が生じ、一八カ所の橋の一部が崩れた。青山は、事務所にかくまった五人の朝鮮人男性労務者を家へ連れてきた。そのうち二人はキリスト教徒であった。五人は顔に赤黒いあざがあり、おびえ切っていた。青山は、彼らを奥の離れの部屋に暴動が治まるまでかくまって手当てをし、誰にも口外するなと妻に命じた。

労災保険の採用

荒川放水路工事では労務者延べ三〇〇万人を超え、犠牲者は一一歳の少年を含む二一人。青山は、パナマ運河工事でのアメリカ政府にならい、労災保険を採用した。

大正一三（一九二四）年一〇月一二日、着工から一四年を経て荒川放水路通水式が赤水門右岸の広場で盛大に挙行された。加藤高明首相、関係大臣らが出席、青山主任は工事報告において、〝荒川放水路工事は淀川、信濃川とともに日本三大河川改修であり、この放水路完成により、荒川沿岸、東京市の本所、深川の低地は洪水被害を受けなくなり、東京にとっては最も重要で意義を持つ〟と発表した。放水路完成記念碑は、まことに青山ならではの発想であった。記念碑の岩は、楕円体の河川の転石であり、経費は工事を担当した内務省関係者が全額負担した。碑文には、〝此ノ工事ノ完成ニアタリ多大ナル犠牲ト労役トヲ払イタル我等ノ仲間ヲ記憶センガ為ニ　神武天皇紀元二千五百八十二年　荒川改修工事ニ従ヘル者ニ依テ〟とあり、主任技師青山士の名前はない。記念碑は鋳金家北原三佳の作品であり、これは田端文士村の隣人、陶芸家板谷波山の紹介による。北原は東京美術学校研究科（現東京芸大大学院）を修了間もない二九歳であった。なお、大河津分水の記念碑も北原による。

昭和二二（一九四七）年九月のカスリーン台風により、利根川、北上川支流磐井川などが破堤し、関東および東北に甚大な被害が生じた。荒川放水路では、洪水位は堤防の高さいっぱいの九メートルに達した。青山の設計通り、水門の機能は発揮され、堤防は決壊せず、氾濫もなく、東京東部を完全に守った。

青山士と安藝皎一

内務省は青山に次の仕事として、鬼怒川改修工事の主任を兼務させた。五十里《いかり》ダム建設のための測量などの調査であった。大正一五（一九二六）年東大土木を卒業した安藝皎一の最初の勤務地が、ここ鬼怒川であり、青山は安藝の内務省における最初の上司であった。そこで青山から得た教訓は、〝川は上流から下流へ流れるのだ〟という、当たり前のような至言であった。

筆者は、安藝から青山のパナマ工事参加とともに、この青山の警句を聞き、最初は〝ナンダ、当たり前の話ではないか〟と思った。安藝皎一には、亡くなった昭和六〇（一九八五）年まで種々教えを受けたが、この種の禅問答めいた言辞が多かった。

川は上流からつねに連続して流れ、それによって形成される河床もまた、連続しており、その全体の流れ方、河床の連続性の把握が、河川現象と付き合う基本である。河床の不規則な形状、河幅の不規則な変化などを深く観察し、その対策を事前に打て、ということになる。つまり、〝不規則〟は川の各部によって異なる点を早い段階から注目すること、などである。

安藝が内務省最初の現場で青山配下に勤めたことは、偶然の運命であった。この機会がなければ、筆者も青山のパナマ運河や自然観を、安藝を通じて教えられることはなかったであろう。

荒川放水路工事費は軍艦一隻の建造費より廉い

大正一〇（一九二一）年一〇月一五日、機械学会における青山の〝荒川改修工事について〟の講演が、軍を刺激することになった。〝荒川放水路の工事費は巨額と云われるか、軍艦一隻の建造費より廉い〟との一節が、軍事費を批判したとされ、反戦主義者との刻印を押された。非戦を唱えていた内村鑑三の弟子というだけでも特高から目を付けられていたので、青山への矛先はいよいよ高まっていた。治安維持法公布から昭和二〇（一九四五）年の敗戦まで、特高の監視下にあった青山は、自らの人生観に忠実ならんとすれば、軍国主義下の風潮と対立し、精神的苦痛に悩んでいたであろう。

棟方志功が感動した大河津記念碑——人類ノ為メ國ノ為メ

一九八〇年代、岡山県の仕事でしばしば岡山市へ出掛けた。会議後の二次会で、ある比較的品の良いナイトクラブへ連れて行かれた。そこにナント、青山士の大河津記念碑の名文を棟方志功が描いた額が掲げられていた。後日少々調べると、彼は七〇歳の昭和四八（一九七三）年、大河津へ赴き、この名文句に圧倒され、〝人類ノ為メ國ノ為メ〟を大声で何回も唱えたという。

大河津記念碑の前に佇んで感動し、一生それを忘れない先輩、友人、後輩は数知れない。もちろん、それは土木技術者に限らない。見る人、読む人を圧倒し、抱擁する迫力、魅力に満ちたこの格言めいた文章は、そもそもどのようにして生まれたのか。昭和六（一九三一）年、この碑が建てられる何年か前から、青山の心中にこの名文は込められていた。昭和五（一九三〇）年六月、内務省新潟土木出張所発行の「沿革とその事業」の原本の青山保存版の見開きに、青山の書き入れた碑文通りの文言が日本語とエスペラント語で記されている。おそらく青山は、この文章をずっと以前から、あるいは大河津の仕事が始まった頃から心の内に育てていたのであろう。一高の学生の頃、内村鑑三に師事していた時から、聖書の名文句を体得していた。大河津記念碑の名文はマタイ伝の山上の垂訓がヒントであろうと、作家の高崎哲郎は推測している。

荒川放水路と大河津分水の大事業において青山は、その河川事業で経験した洪水、土砂の激し

碑文に感銘をうけて棟方志功が制作した版画／高崎哲郎監修『久遠の人 宮本武之輔写真集「民衆とともに」を高く掲げた土木技術者』（北陸建設弘済会、1998）より

い移動という様々な河川現象に接する際にも、それら水害を防ぐごとに、自然を支配する法則を〝天意〟と感じたのであろう。洪水との闘いの経験は、青山の自然現象を読む能力を鍛え、自然の摂理を把握することによって〝天の声〟に近付いたのであろうか。高校生以来の人類愛を精神的基盤としつつ、川との付き合いから絞り出された人生訓であり、高邁な理想に裏付けされ、その前に佇む人々を心底から圧倒する名句である。このように、類例を見ないこの歴史的な名文が、記念碑を際立たせる存在感をもたらした。

昭和八（一九三三）年一月、青山によって造られた次のエスペラント語銘版が、長野県中山道の和田峠に開削された和田嶺トンネルの下諏訪側入り口にある。〝人類の願望の為め、人類愛の努力〟を意味する〝POR LA VOJO DE LA HOMARO. KUN PENOJ DE LA HOMARAMO.〟と刻まれている。

事故克服後に完成した大河津分水

信濃川の洪水によって、しばしば氾濫を繰り返していた新潟平野を救うため、大河津地点から直接日本海へ洪水流を流す、いわゆる大河津分水は江戸時代以来の悲願であった。明治初期にもこの計画は着手されたが中断し、本格的分水工事は明治四二（一九〇九）年に着手、三度も地滑りに遭遇し、風土病のツツガ虫病による被害者も多く発生し、洪水による堤防破壊などで事業は

青山士所長（左）と宮本武之輔（右）（大河津分水路補修工事の現場にて、1929年）／高崎哲郎監修『久遠の人 宮本武之輔写真集「民衆とともに」を高く掲げた土木技術者』（北陸建設弘済会、1998）より

遅れ、着工から一三年後の大正一一（一九二二）年に分水はようやく通水した。分水の入り口近くには流量をコントロールする近代的自在堰が完成した。しかし、堰運用から五年後の昭和二（一九二七）年六月二四日、その誇りにしていた自在堰八連のうち三連が陥没する重大事故が発生した。内務省事業における最大の事故であった。

堰による流量のコントロールが不可能となり、信濃川の流れはすべて大河津分水に流れてしまったので、大河津から河口に至る従来の信濃川には一滴も流れなくなってしまった。六月といえばまだ田植えをしていない水田、もしくは田植え直後であり、大量の水が必要な時期である。それればかりか、三条市その他の水道用水も不足する一大事であった。ここで内務省は新潟土木出張所長を更迭し、青山士を新しく所長に任命、大河津の現場に、当時治水のエースと目されていた宮本武之輔を抜擢した。ここに青山、宮本の名コンビにより、内務省の弔い合戦ともいうべき世紀の大事業が新たな構想の下、再開された。

事故により陥没した自在堰に代わって、その上流約一〇〇メートルに新たな可動堰が宮本の設計により建設され、この信濃川補修工事は昭和二(一九二七)年一二月起工、昭和六(一九三一)年六月に完成した。完成式は事故の六月二四日を忘れないために、その日に挙行された。青山にとっても宮本にとっても、この六月二四日は生涯忘れ得ぬ日となった。青山は以後毎年、この日に大河津分水出張所に電報を打ち続けている。〝天佑と所員の努力によって分水の無事を感謝す〟

内務省技監と土木学会長

昭和九(一九三四)年五月一一日付で、青山は技術官僚最高のポストである技監に任命された。新潟では栄転に別れを告げるキリスト教関係者の送別会が盛大に行われた。内務省技監は従来、原則として工学博士号を持つ技師に限られており、博士でない青山の就任は意外な人事であった。青山の就任の挨拶は、従来の技監挨拶とは全く異なっていた。すなわち、官僚たる者は自ら厳しい姿勢に撤すべきことを、若手官僚に強く求めた。内務官僚にとって、能力、経験、知識はもちろん必要であるが、身辺が清潔であり、行動が公明であることを要求した。青山の全人格は誰しもが認めていたので、その青山の方針であるからこそ、説得力があった。その要求は当然ではあるが、何かにつけ、事務官僚からの反発は強かった。青山は、東京の中央官庁を離れて久しく、もっぱら現場で働いており、派閥的画策の多い事務系統との交渉や駆け引きでは、技術官僚の意に反することも多く、青山にとってあまり愉快でない任務であった。

昭和一一(一九三六)年二月一四日、土木学会長に就任していた青山は、〃社会の進歩発展と技術〃と題する異色の会長講演を行った。Civil Engieeringを文化技術と訳したことに、青山の土木技術への認識をうかがい知ることができる。この講演で青山は、人類史、文化の立場から文化技術の役割とその史的変遷を展開した。文化技術こそが、社会と国家の発展を支えてきたことを、文化技術者は深く自覚すべきであり、社会に対しても〃文化技術〃と国家社会の盛衰との密接な関係を明確に認識するように努力しなければならない、と高らかに講演している。この一二日後、二・二六事件が勃発し、日本は軍国主義への道をひた走ることになった。

同年五月、土木学会に〃土木技術者相互規約調査委員会〃が設置され、青山は委員長に推薦された。翌一二年一二月、その第八回の委員会で、〃土木技術者の倫理綱領〃が定められた。アメリカ土木学会制定の倫理規定(Code of ethics)とその行動規約(Code of practice)を参考にしつつ、議論を重ねた。この規約の目的は、①土木技術者の品位を高めること、②技術者の矜持と権威の保持、

③青年技術者の指導方針である。当時、どの工学会でも作成されていなかった倫理規定を定めたことは、土木学会の誇りである。こうして決定した〝土木技術者の信条〟と〝土木技術者の実践要綱〟には、青山の人生観が各項目に見いだされる。その審議過程では、当時の国家主義的傾向を青山が極力排除し、土木技術者は事業に当たって、公正かつ清廉を尊ぶこと、自己の権威と正当な価値を棄損しないこと、などが強調されている。

同年の一一月一七日、青山は内務技監を退任する。退職金で銀製の燭台を令嬢に贈った。青山が特に愛読したビクトル・ユーゴー作「レ・ミゼラブル」におけるエピソードからのヒントであった。その頃の青山のラジオ講演や「水利と土木」に記された所感には、軍国主義の横暴への批判、増大の一途を辿る軍事費への反対が、間接的に随所にうかがわれる。なにせ言論統制の時代、あからさまな軍国主義批判が実質上不可能な時勢であった。非戦論を唱えていた内村鑑三門下というだけでも、軍部からつねに監視され、青山の幾多の言動が軍部から警戒されていた。かつ、特に技監時代の事務官僚との縄張り争いなどは、青山の最も嫌う、不得意な対応であり、昭和二〇年の敗戦まで、青山にとって不遇、不満の時代であった。それは、つねに仕事や生活における不満よりは、むしろ青年時代から抱いてきた人類愛に基づく仕事において、自らの人生観に忠実ならんとすればするほど、社会から白眼視される時代に対し、高級官僚としていかに身を処すかの悩みであった。

戦後の青山宅訪問

昭和二〇（一九四五）年、敗戦によって青山の周辺に漂っていた国家主義、軍国主義は吹き払われた。青山はアメリカの民主主義と民衆との生活に関わる多くの図書を読み漁った。新しい日本の具体的にあるべき姿を描いていたのである。

第二次大戦後、日本列島を毎年のように大型台風、梅雨豪雨による激しい集中豪雨が襲った。昭和二〇年代、夏のある日、台風が南関東に向かうという予報を耳にした青山は、静岡県磐田の自宅から夜行列車に乗って上京し、早朝の荒川放水路の堤防の上を、雨合羽をまとって歩いていた。若い頃、自らが責任者として建設した堤防が洪水をいかに処理しているか、よもや漏水はないだろうかが心配であった。慎重に堤防を点検している老人を知る人は、責任感の権化と化している技術者青山士の勇姿に手を合わせたという。

昭和三六（一九六一）年九月七日、筆者が初めて磐田のお宅に青山先輩を訪ねて、パナマ運河工事に青春の熱血を燃やした話を伺った際、先輩はポツリと呟いた。

〝その頃から、私の気がだんだん変になってきたのですよ〟

パナマ運河工事参加への動機を、先輩は照れながら本心を率直に語られた。同年一二月二〇日、二度目に訪ねた際には、まず、こうおっしゃった。

〝技術の発展はまことに素晴らしいが、人間形成の面では果たして、これでよいだろうか〟

これは、むしろ退歩しているのではないかという心配が本心ではあるまいか。人間形成とは、責任感、技術者の情操、自己の技術そのものへの生涯を賭けた執念であろう。これらの言葉を通じて感じることは、キリスト教的人生観の中に溶け込んだ技術の使命、その天職に没頭して悔いなき人生を送ってきているという、和やかな自信が会話にも表情にも溢れていた。

青山先輩の背後には、内村鑑三全集とシュヴァイツァー著作集が、まさに所を得たと言わんばかりの顔をして並んでいた。アルベルト・シュバイツァー（一八七五〜一九六五）は、フランスの医療伝道家・哲学者・プロテスタント神学者である。彼は二一歳で直接的具体的に人類に奉仕する決意を固め、医師となる。大正二（一九一三）年、アフリカ仏領コンゴのランバレネ（現ガボン共和国）へ夫妻で旅立ち、後に病院を建設、生涯を現地住民の医療に捧げた。第一次世界大戦を経験して現代文化への懐疑を深め、生命を畏敬する人間回復を目指す哲学を生んだ。

内村はシュヴァイツァーの医療伝道にいたく感銘を受けた。またシュヴァイツァーは内村の「余は如何にして基督教徒となりしか」の独訳を読み、両者は文通していた。内村の助言もあって、青山夫妻はシュヴァイツァーを愛読していたのである。シュヴァイツァーは昭和二七（一九五二）年にノーベル平和賞を受賞した。

先輩は最後に口ずさむように言われた。

〝生くることは、戦うことである〟（Vivere est militaire）

それから一年半、昭和三八（一九六三）年三月二一日、先輩は富士山が見える所がいいというので建てたという高台の自宅で静かに息を引き取った。享年八四歳。逝去から一ヵ月後、東京の学士会館にて、内村鑑三門下生と青山家の遺族が集まり、〝青山士追悼会〟が行われた。南原繁は友人代表として弔辞を述べた。

南原繁の弔辞

私が磐田市の青山士さんの家を訪れた際、そこは彼の祖先の地であり、昔代官屋敷と呼ばれる一廓で、由緒ある大きな屋敷に、青山さんは夫人と長男多恵君と一緒に暮らしていられた。老樹に囲まれ、庭には竹の植え込みが清々しく、静かな一夜を私はここに御厄介になった。（中略）大正二、三年の頃、私はまだ大学生時代で、彼がパナマ運河の工事から帰国された頃であったろうか。（中略）岩淵水門近くに、余り大きくない楕円型の自然石に銅版をはめ込んだ記念碑が建てられている。その碑文には、青山技師の名はどこにも見いだせない。そこに、青山士という人の謙遜と、労苦を共にした仲間に対するいたわりと愛情がにじみ出ている。（中略）信濃川分水の記念碑に刻まれた〝万象に天意を覚る者は幸なり〟という文句は、神を信ずる人にして、初めて言い得るところである。終戦後、連合軍は新潟にも進駐して来たが、この碑文の下に添えてあるエスペラント語を読む人があって、この聖書に通ずる言葉を誰が書いたのかと、訊いて来たということ

青山士と南原繁(左)

である。(中略)彼の生涯を通じて彼を導いたモットは、"I wish to leave this world better than I was born." であった。これこそは、青山さんが一高生徒のころ私淑した内村鑑三先生の「求安録」から学んだ句で、氏が大学に入って土木工学を一生の業として選んだのも、この言葉が決定したのである。(中略)

彼は一介の技師ではなかったと同時に、また、いわゆる世のクリスチャンとは異なって、その信仰は地に着いていた。人間的な教養と日本的・東洋的な趣味に豊かで、漢詩や俳句も愛誦した。それは青山家父祖伝来の精神かと思われるが、彼はその土台にキリスト教信仰を接木した人と称してよいであろう。(中略)青山士は、その字の示すごとく、実に士《さむらい》らしいキリスト者であった(中略)信濃川分水工事の記念碑に〝人類ノ為メ國ノ為メ〟と彼は記した。日本の河川の工事を竣工する場合にも、それが人類の幸福と平和につながるものであらんことを、絶えず願ったのである。（中略）八五年の全生涯が、彼にはつねに未来を望み、未知の世界を求めての信仰の旅であった。（中略）われわれは、彼のこの最後の旅がさらに祝福され、恩恵に富むものであろうことを信じて祈るものである。

（南原繁『日本の理想』岩波書店、昭和三九年より）

廣井勇葬儀で内村鑑三が、廣井勇の弟子青山士への弔辞を内村の弟子南原繁が読んだのも、必然の関係であった。

筆者の東大生時代の総長が南原繁であった。入学式も卒業式も、南原の講演を拝聴した。去る日、パーティーで南原繁に挨拶したときの短時間の立ち話は、青山士の思い出であった。

◉生涯を台湾の民衆に捧げた八田與一

青山士から七年後輩、明治四三（一九一〇）年東京帝大土木卒業の八田與一（一八八六〜一九四二）は、現在もなお台湾で神のごとく尊敬されている。大学卒業後、直ちに台湾へ渡った八田とその妻外代樹は、文字通り、生涯を通して台湾の人のために身を捧げ、台湾に骨を埋めている。廣井はつねに、地球上のどこであろうとも、その働く場所の庶民のために働くべきであると教えていた。

八田與一（1886-1942）

ユニークな八田與一像

台湾中部の山中に、日本人唯一の銅像が建っている。台南から東へ約七〇キロメートルに建つ八田の銅像は、極めてユニークである。偉人の銅像の多くは、台座の上から堂々と辺りを払うがごとく立っている。この八田與一像は違う。作業ズボンに作業靴、現場で働く姿で膝を曲げ腰を落としてしゃがんでいる。八田がいつも自らが建設したダムの傍らで、じっと考え込んでいた姿である。つねに髪を掴みながら思いに耽っていた姿勢そのものである。

第二次大戦直後、台湾に数多く建てられていた日本人の軍人や政治家の銅像はことごとく撤

八田與一の銅像

去された。しかし、八田與一の銅像だけは、彼が建設した烏山頭ダムによって恩恵を受けた嘉南平原の人々が中心となって守られ、昭和四七（一九七二）年の日中国交正常化以降も、日台友好の絆ともなって再び陽の目を浴びている。

八田與一は、昭和一七（一九四二）年五月五日、日本が占領したフィリピンのルソン島開発のために、多くの技術者とともに広島県宇品港を出発した大洋丸に乗船した。船が玄界灘から長崎県五島列島沖を通過して南下中、アメリカ潜水艦ダレナディア号は大洋丸めがけて一三〇〇メートルの至近距離から魚雷四発を発射、うち三発が命中、大洋丸は沈没した。乗組員五四三名が救助されたが、八一七名は船と運命を共にした。それから約一カ月後の六月一〇日、遺体発見の報が山口市萩市役所から東京事務所へ伝えられた。萩市の旅館経営者の持ち船漁船、第二睦丸の船長が漁業中の魚網に遺体を引っ掛け、萩市に持ち帰ったのであった。一カ月以上も海中を流れていたため、顔や手など衣服を着けていない部分は白骨化していた。しかし、衣服はほぼ完全に保たれ、内ポケットにあった名刺入れや財布はそのままであった。その名刺から、台湾総督府の八田與一技師であることがわかった。台湾で〝嘉南大圳の父〟と崇められていた八田與一は、東シナ海で五六歳の生涯を終えた。

この五月上旬、日本軍はなお破竹の勢いで東南アジアで戦いつつあり、フィリピンはもとより、インドシナ半島、インドネシアをほぼ制圧し、日本国内は戦勝に酔っていた。戦局が急転回し、日米戦の逆転の契機となったのは、その一カ月後、六月五日のミッドウェー海戦における日本海軍の大敗であった。アリューシャン列島の二島は占領したものの、この作戦は大失敗であり、緒戦のハワイ真珠湾攻撃に参加した海軍虎の子の空母四隻は、アメリカ航空部隊の攻撃によってあえなく撃沈された。日本海軍にとってそれ以上の痛手は、優秀なパイロットの大半が戦死したことであった。米空母一隻を沈め、一隻を大破させたので、大本営発表は〝果敢な差し違え作戦〟と苦しい解説であった。要するに、ミッドウェー敗戦以前は、国内は戦勝気分に酔っていたのである。大洋丸が沈没した五月上旬に、東シナ海の制空・制海権は日本が握っていたが、米潜水艦を制圧し切れていなかったのである。

八田與一の長男晃夫は、当時、東京大学第二工学部土木工学科の学生であった。報せを聞いた晃夫は急遽萩市に馳せ参じたが、海岸に仮埋葬されていた父との対面は、まことに悲しいものであった。骨だけになってはいたが、頭骨の形で一目で父とわかったそうである。昭和二五(一九五〇)年、同じく東大第二工学部卒業の筆者は、昭和一九(一九四四)年卒八田晃夫の六期後輩になる。名古屋でお勤めの八田さんとは何回か会食の機会があり、台湾の八田像での墓前祭でも厳父八田與一について伺うことがしばしばあった。悲しくも厳しい会話は、筆者の思い出を深めた。

今も続く八田墓前祭

八田與一の訃報に接して最も悲嘆にくれたのは、八田を神のごとく慕う嘉南平原の農民たちであった。以後今日に至るまで、毎年五月八日の命日には、八田像近くの八田夫妻のお墓の前に集まって、八田與一への感謝を捧げている。八田與一は金沢市の出身であり、金沢の人々も毎年一〇〇人余、地元の人と合わせて何百人も、この墓前祭に集う。近年は馬総統も参加され、台湾のインフラの基礎を築いてくれた日本人技術者に感謝し、かつての八田の宿舎を復元して、一帯に八田公園を設け、八田への感謝の意を表明している。

八田が世を去って既に七二年、今も毎年墓前祭にこのように感謝を捧げるような例を、筆者は他には知らない。八田の地元住民への功績が、いかに大きかったかを今さらのように想起するとともに、地元の人々の深い恩義に感動する。

東洋一の烏山頭ダム建設の動機

八田は嘉南平原を訪ね、水不足、洪水、塩害の三重苦に悩んでいた六〇万人の人々に接し、何とかしなければ、この人たちは永久に災害、貧困に苦しみ続けるとの思いから、その対策を考えて到達したプロジェクトが、当時東洋一の大規模な烏山頭ダム建設であった。この巨大ダムを中核として、濁水渓導水、曽文渓導水、給排水路を含む嘉南大圳工事は、八田三四歳の大正九

烏山頭ダムを北西から望む（写真提供：嘉南農田水利会）

（一九二〇）年に開始され、昭和五（一九三〇）年完了、一〇年の歳月を要した。しかし、八田を高く評価すべきは、巨大ダムを含む大プロジェクト完成よりはむしろ、嘉南平原六〇万の人々を救い、農業開発を可能にし、豊かな生活をもたらしたからである。一般に、土木技術者への栄誉は、世界に冠たるダム、橋などの構造物の建設ではなく、その目的、そして成果によって地元住民に何をもたらしたかによって定まる。

八田は、この工事中もつねに現地で陣頭指揮、労務者と共に行動し、地元の民衆の生活にしばしば接し、話し合い、人々と喜怒哀楽を共にして、工事中から地元の人々に深く慕われていた。民衆と共に語り、共に歩むことこそ、廣井が弟子たちにつねに語っていた教えである。

古川勝三著『台湾を愛した日本人』

『台湾を愛した日本人』の著者古川勝三

昭和一九（一九四四）年、愛媛県宇和島に生まれ、県の教職の道を歩んでいた古川勝三は、昭和五五（一九八〇）年、文部省海外派遣教師として台湾省高雄の日本人学校に三年間勤務した。そこで古川は、土木技師八田與一が、現地の人々から深く尊敬され、台湾南部での知名度が極めて高いことを初めて知って感動し、その生き様、業績を日本の人々に伝えなければならないと考えた。以後、台湾で綿密な調査を重ね、高雄にて昭和五八（一九八三）年三月、『台湾を愛した日本人』と題する本を出版した。これは高雄日本人会の機関誌「高雄日僑会誌」への連載をまとめたものであった。この出版は、同年五月七日の朝日新聞に紹介され、日本国内で話題となった。さらに遡れば、月刊誌「文藝春秋」の昭和三四（一九五九）年四月号で、邱永漢が八田技師の台湾での活躍を高く称えていた。

古川勝三は帰国後、八田技師の郷里石川県、ご親族、知人を訪ね歩き、烏山頭ダムの建設記録を精査し、台湾で出版した前著を全面的に充実させ、詳細な八田與一評伝を仕上げた。こうして『台湾を愛した日本人』（青葉図書）が平成元（一九八九）年出版され、翌平成二（一九九〇）年、同書は土木学会著作賞（現、出版文化賞）の栄に輝いた。さらに平成二一（二〇〇九）年、新資料を加え、前著の改訂版が創風社出版から発行されている。また同書の台湾語版が『嘉南大圳之父 八田與一伝』として陳栄周訳で台湾にて出版された。

若い頃の八田與一

明治一九（一八八六）年二月、八田與一は石川県河北郡今町村（現、金沢市今町）に生まれた。明治二五（一八九二）年、花園村立花園尋常小学校（四年制）入学。小学生時代の與一はガキ大将であった。家にあった大木に登っては、大声で怒鳴って近所の子供たちを集めていた。尋常小学校から尋常高等小学校を経て、明治三二（一八九九）年、金沢市の石川県立第一中学校へ入学、片道八キロメートルを歩いて通学した。快活だった少年は、村人の誰からも好かれた。加賀の地は真宗が盛んで、與一も子供の頃から、家で行われる〝講〟（真宗門徒が集まって僧侶の話を定期的に聞く会）や〝お座〟（随時、個人的に僧侶を呼んで説教を聞く会）を見て育った。仏の前では誰もが平等であり、師もなく弟子もなく、信者を〝同朋同行〟とする親鸞の教えは、與一に大きな影響を与えた。

明治三七（一九〇四）年、與一は金沢の四高に入学、教師に西田幾多郎がおり、與一たちに倫理学やドイツ語を教えていた。後に日本の哲学に著しく貢献する西田哲学は、四高教師時代に養われたと言われる。西田自身の長年にわたる参禅体験は、宗教心の強かった與一に多大な影響を与えたに違いない。四高入学の年に日露戦争が始まり、兄の友雄が旅順攻撃で戦死した。與一の四高生活の悲しい出発となった。

明治四〇（一九〇七）年、與一は東京帝大土木工学科に入学、ここで廣井勇教授の強い影響を受け、青山士先輩のパナマ運河工事参加の話も與一の胸を躍らせるに十分であった。與一もこれら先輩のように、人類のためになる仕事のできる大地へ行きたいと強く思うようになった。與一は元来豊かなアイディアを持ち、発想が雄大であった。過去の類似事例を十分に調べ、表面的な改革ではなく、根本から変えるのが與一自身の創作であった。周辺の者には容易に理解できず、〝八田の大風呂敷〟と陰口を叩かれた。しかし、廣井教授は積極的に理解し、八田の独創的な考え方を高く評価していた。

明治四三（一九一〇）年七月、東京帝大を卒業した八田與一は、勤務先に台湾を選んだ。日清戦争後、日本領土となった台湾は、一五年を経てもインフラ整備は極めて不十分であった。台湾総督府土木部技師となった八田は、最初から台湾の人々のために働き、骨を台湾に埋める決意であった。

日本上下水道の恩人バルトン

日本上下水道育ての親と言われたイギリスからのお雇い外国人のウィリアム・K・バルトンは、まず東京帝大教授を務め、上下水道について日本最初の講義を担当していた。当時、台湾総督府は、毎年伝染病による多くの死者に悩んでいた。台湾へ渡るのを嫌がる役人も多く、伝染病

ウィリアム・K・バルトン（1856-1899）

撲滅のためには、上下水道の整備が急務であった。そのために総督府は、明治二九（一八九六）年、当時四〇歳であったバルトンを畏友後藤新平が懇願して台湾に招いた。当時の台湾総督は乃木希典であった。一緒に連れてきた乃木の母親は、マラリアに罹り病没した。乃木にとって伝染病の撲滅は、母の霊への悲願でもあった。バルトンの渡台は、日本政府の強い期待であった。

バルトンは、青年技師浜野弥四郎を伴って台湾へ渡った。浜野は千葉県佐倉の出身、明治二七（一八九四）年七月、帝大土木を卒業、青山の七年先輩、八田の一四年先輩に当たる。浜野は在学中、バルトンの教えを受け、その人柄を深く尊敬していた。バルトンにとっても愛すべき弟子で

あった。浜野は大学卒業と同時に台湾総督府に勤め、バルトンに同行して渡台した。当時台北の衛生状態は劣悪であった。バルトンは、マラリアと赤痢に感染、いったん快方に向かい英国への帰途、東京に立ち寄った際、四三歳で倒れて亡くなった。バルトン以後、台湾の上下水道はもっぱら浜野によって推進された。すなわち、台湾の主要都市の水道工事は、浜野によって次々と完成した。

八田與一は、浜野を上司として台南上水道工事を担当した。水源を曽文渓に求め、その地形を調査し、精通したため、それが後の大プロジェクトである烏山頭プロジェクトに連なる。

この大プロジェクトは、台湾第一の一〇万ヘクタールの嘉南平原の農民を三重苦から救うため、大貯水池を造って畑に水を満たし、排水路によって塩分を除く目的であった。それはあまりにも大規模かつ費用を要し、〝大風呂敷〟との批判が起きた。しかし、この計画そのものは極めて綿密な調査に基づく優れた設計であり、下村宏台湾総務長官、山形要助土木局長に高く評価され、この計画を八田に任せて実施することにした。大正九（一九二〇）年、日本の議会はこのプロジェクトの総予算四二〇〇万円（現在の約五〇〇〇億円）という巨額を認めた。日本政府がいかに台湾のインフラ整備を重視し、かつ八田技師を高く評価していたかを物語る。

この工事で初めて採用された新しい考え方が三点あった。まず、第一に耐震設計である。その工法はセミハイドロリック工法（湿式土堰堤工法）と呼ばれ、コンクリートを土台の中心部だけに用い、その上を粘土で固め、さらに大量の土砂をその上に盛る。そこへ圧力をかけた水を浴びせ、細かい土砂を下に落ち着かせ、土の堤を作る。必要な大量の土砂は鉄道で運んだ。この烏山頭ダムの規模は、堤長一二七三メートル、高さ五六メートル、堤の底の幅三〇三メートル、堤頂の幅九メートル、貯水量一億五〇〇〇万立方メートルである。この工法は、当時アメリカに数例あるだけであり、アメリカ土木学会も、このダム工法を高く評価し、八田ダムと命名した。

ダムの名に、それに貢献した人名を採用するのはアメリカはじめいくつかの国では珍しくない。さらには、空港、道路などの公共構造物にそれに由緒ある人名を冠する例も多いが、日本ではそのような例は、いずれの土木構造物でも極めて少ないのは残念である。

八田ダム工事の特徴

この工法は未経験のため、総督府はアメリカの学者ジャスティンなどに調査を依頼したが、彼はこの工法採用に強く反対し、八田・ジャスティン論争が展開された。八田は十分に自信を持っており、その論争にも耐え、自らの設計通りに工事を進めた。

二つ目の工法の特徴は、大型土木機械を数多く採用して工期を早め、高能率な施工を実施できたことであった。大方の意見は、機械があまりにも高価で、機械購入費が全工事費四〇〇〇万円の実に四分の一にも相当したため猛反対された。しかし、八田は、大型機械によって工期を短縮し、費用を回収できるとした。大型機械待望の時代を迎えつつあり、その先駆けとなる意義を強調した。時代は下って、戦後の高度成長初期、昭和三一（一九五六）年竣工の天竜川佐久間ダムの成功は、大型機械をアメリカから大量輸入したことが重要な要因であった。昭和二八（一九五三）年着工、わずか三年で当時としては巨大ダムを竣工させたのは、ほとんど奇跡としか考えられなかった。電源開発会社総裁高碕達之助（一八八五〜一九六四）の英断と、その命を受けた現場所長永田年《すすむ》（一八九七〜一九八二）の大型土木機械への執念が、戦後のダム建設に革命をもたらした。これが契機となって、高度経済成長を支えた土木黄金時代が到来する。ダム・ブーム、高速道路、新幹線、地下鉄、地下街などを含む都市の地下建設、ニュータウン、掘込港湾などを含む臨海工業地帯の誕生など、それらが一斉に進んで、世界を驚かした経済成長の社会基盤建設を可能としたのは、大型土木機械群の活躍であった。

八田は、その当時の機械の買い付けも自ら手掛け、大型機械に戸惑っていた技術者たちを説得し、工事は予想を上回るスピードで進行した。

八田の三番目の新たな提案は、働く技術者、労務者とその家族のための新たな街づくりの実施であった。〝良い仕事は、安心して楽しく働ける環境から生まれる〟との彼の信念から、労務者住宅の周囲に商店、市場、プール、テニスコート、弓道場、病院、浴場を建設、新しい街が技術者や労務者の住環境を一新した。

ダムと濁水渓の水を使っても、全農地に同時に給水することはできなかったため、農地を三つに分け、それぞれ稲、さとうきび、その他の作物を一年ずつ順番に作り、どの農地も平等に水の恵みが受けられるようにした。さらには、組合による農耕指導も行われ、その結果、嘉南平原は台湾で最も豊かな土地となった。通水三年後には、米、甘藷、雑作物の増収により、その価値は全工事費を上回り、レンガ造りの家が新築され、子弟の教育費が生み出され、上級学校に進む生徒が増加した。

このような素晴らしい工事の成果に接し、六〇万人の嘉南平原の農民たちは、八田を〝嘉南大圳の父〟と慕い、長く感謝の念を深く心に刻むこととなった。土木工事は、地元住民のために行われるべきである、とつねに主張していた廣井勇の指導と教訓が見事十分に活かされたのである。

台湾に骨を埋める覚悟であった妻 外代樹《とよき》

妻の外代樹は、彼女が一六歳、大正五(一九一六)年の結婚であった。翌六年、台湾へ渡ったときから、夫と共に台湾に骨を埋める覚悟であった。二一歳で烏山頭に引っ越した。昭和一七(一九四二)年五月一三日、與一が乗船していた大洋丸遭難の報が外代樹のもとに届いた。一七日には、夫の死亡が正式に伝えられた。台湾に渡って二五年間にも及ぶ與一との結婚生活であった。

昭和二〇（一九四五）年八月一五日、日本の敗戦により、台湾の日本人はすべて帰国命令を受けた。台湾に骨を埋めるつもりで生きた外代樹にとって、台湾は結婚した土地であり、夫の献身的努力で築き上げた嘉南大圳の土地である。絶望と虚無感の淵に外代樹は沈んでいた。台湾をこよなく好きであり、彼女には日本へ帰る気持ちは全くなかった。ここを去ることは、夫と台湾の人々を裏切ることだと感じていた。

敗戦から二週間を経た八月三一日夕方、学徒兵として入隊していた泰雄が突然帰ってきた。久しぶりに男の家族を迎え、一家で食事を楽しんだが、帰るはずのない夫への思いが外代樹を一層悲嘆の底に追いやった。九月一日未明、寝静まった子供たちに気づかれないよう静かに起きた彼女は、八田家の家紋入りの和服をまとい、モンペをはき、書き残した手紙を机の上に置き、家を抜け出した。夫が建設した烏山頭ダムの放水口の急流へ身を投じ夫の後を追った。その日は、二五年前の嘉南大圳の起工日であった。翌日バルブを閉じ放水を中止して水路を捜すと、六キロメートル下流から外代樹の遺体が発見された。

八田夫妻を敬愛する地元の人々

昭和二一（一九四六）年一二月一五日、八田夫妻の墓が、嘉南大圳水利組合の人々の誠意と熱意によって純日本式で造られた。大理石なら台湾に豊富にあったが、対岸中国の福建省産御影石を高雄市で見つけた。墓は、八田技師の銅像のすぐ後ろに建立された。戦後、台湾全土で日本色は一掃され、日本式神社はことごとく破壊され、日本人の銅像はすべて倒された。そんな情勢下、組合では、台湾人のために働いた八田像を守り、日本流の墓を建てたのであった。

毎年五月八日の命日に、台湾の人々と金沢を中心とした日本人がここに集まり、近年は馬総統も参加している。ここは今後永遠に、台湾と日本の友好を深める文化拠点としての役割を果たし続けるであろう。

◉雄大な水力発電事業を実行した久保田豊

海外との技術の協力と援助に夢を馳せた久保田豊（一八九〇〜一九八六）は、学生時代から将来は水力発電の時代と認識し、大正四（一九一四）年、東京帝大の卒業論文には、それをテーマに選び、恩師廣井勇が強調していた国際的活動に生涯をかけて実現した。大学卒業後、内務省土木局に就職、五年間、関東各河川の現場で働いたが、久保田にとって役人生活は窮屈だったようで、新設の天竜川電力会社で自らの水力発電の夢を実現しようとしたが、その会社が不況のため倒産。

そこで自ら会社をつくったがうまくいかず、胸の持病にも苦しめられた。

久保田豊(1890-1986)(写真提供:日本工営株式会社)

久保田豊と野口遵の名コンビ

たまたま、日本窒素社長の野口遵が当時三四歳の久保田に朝鮮北部の水力調査を勧めた。久

中朝国境に建設された水豊ダム（1944年3月竣工）。湛水面積は日本の琵琶湖のほぼ半分に相当する（写真提供：日本工営株式会社）

保田は六カ月かけて朝鮮北東部を調査し、鴨緑江《おうりょくこう》の支流赴戦江《ふせんこう》水力発電を開発し、電気化学工業を興す計画を立てた。久保田はここにダムを建設し、山中にトンネルを掘り、黄海への流れを、大きな落差のある東方の日本海へ落とすという壮大な設計であった。これに共感した野口が資金を出し、当時としては破天荒な夢が実現した。工事現場の近傍に、職員住宅、病院、学校、警察、神社のある村落を建設したのも、台湾で活躍した八田與一と同じ発想であった。

世界最大規模の水豊ダム

久保田と野口は、同じく鴨緑江の支流長津江《ちょうしんこう》、虚川江《ほちょんこう》、そして、さらに雄大な水豊ダム（当時、世界最大級の発電規模七〇万キロワット）を鴨緑江の本川に建設した。これら一連の鴨緑江水系の水力発電事業は、世界にも例を見ない卓抜な計画であり、この電力によって、肥料、アルミニウム、化学繊維事業などが繁栄した。

ところが、昭和二〇（一九四五）年、日本は敗戦を迎え、久保田は朝鮮にいた日本人の円満円滑な引き揚げに尽力し、二五年間の仕事の成果をすべて現地に残し、自らは何一つ持たずに郷里熊本に帰り、次の新たな海外技術への貢献に直進する。引き揚げてきた人々を中心に新会社（当初、新興電業、一九七三年から日本工営）を設立した。

久保田は、世界の開発事情を視察するため、アジア、ヨーロッパ、中南米など、世界一周の旅に出る。その結果に基づいて、ビルマ（現ミャンマー）のバルーチャン発電計画（一九五四～七九）、ベトナムのダニムダム（一九五五～五九）、ラオスのナムグムダム（一九五六～六六）を建設、これらの工事成果は、久保田の類い希な企画力・実行力、そして日本工営の技術力を世界に知らしめた。

さらにインドネシアのスマトラでのアサハントバ湖水力開発を核とする総合開発計画は、戦時中から久保田が四〇年間追い続けた雄渾《ゆうこん》な大計画であった。彼の事業は、アフリカのタンザニア、ガーナ、ギニアなど、中南米のパナマ、チリなど全世界に及ぶ。これら海外技術協力の成功は、いずれも久保田がそれぞれの国のトップから限りない信頼を得ている証として特筆に値する。それは、久保田が各国の歴史や風土、文化をよく理解し、その地域の人々と固い協力関係を築く、優れた民間外交家であったからである。それぞれの国の考えをつねに尊重し、人類のため

国際機関との協議(写真提供:日本工営株式会社)

という広い立場に立っていることが、各国の指導者によく理解されたことを強調したい。その理念には、青山士や八田與一と同じく、廣井の国際感覚が活かされていたのである。

昭和三八(一九六三)年七月初め、ラオスのビエンチャンのホテルの朝食会で、筆者一行は久保田と歓談した。その想い出は、今なお強烈に瞼《まぶた》と耳朶《じだ》に刻まれている。筆者は東大土木工学科などの学生八人と、メコン川を上流からベトナム・デルタまで研修旅行中であった。久保田はすでに何回もメコン川を視察していたが、たまたまラオスのナムグムダムの視察でビエンチャンに来ていた。わずか一時間足らずの歓談であったが、彼の冷静な迫力にわれわれは圧倒されつつも、快《こころよ》い会話を楽しんだ。日本では到底味わえない雰囲気が一同を包んでいた。メコン川からの夏の冷気が静かに流れていた。日本であれば、お互いに次々と用務が襲いかかる日程に追われるのとは違う世界で、何十年先の未来について開発計画の巨人と語り合えた束の間の幸福感は、今なお筆者の回りに漂っている。

エンクルマ大統領との会見

昭和三九(一九六四)年、久保田はガーナにおける発電・農業・鉄道電化などの開発計画の件で、エンクルマ大統領と会見した。当時七四歳であった久保田に、エンクルマはその若さと迫力に大変驚き、〝いったい何を食べてそんなに若々しいのですか〟と尋ねた。久保田は苦笑いして、〝私は若いときから仕事を食べるのが好きでした〟と答えたという。

昭和五九(一九八四)年、久保田豊基金が設立された。開発途上国の若者の技術向上が目的であった。久保田は九四歳であった。昭和六一(一九八六)年、全地球に夢を注ぎ続けた久保田は九六歳で亡くなられた。

内外で最高勲章を受けた久保田であったが、FIDIC(国際コンサルティングエンジニア連盟)の設立百周年記念大賞個人の部に久保田が選ばれた。その趣旨は、過去百年間、地球の発展とコンサルタント産業の発展に寄与した最も優れた個人に与えられたもので、一六カ国一一三件応募の中から個人二名が大賞を受けた。わが国の技術界にとって無上の名誉であった。

◉科学技術立国に一生を捧げた宮本武之輔

「信念は自覚から生まれ、自覚は思索から養われる。思索のない人生は一種の牢獄である」
――宮本武之輔

宮本武之輔（一八九二〜一九四一）は、異色の奇跡的土木技術者である。明治二五（一八九二）年一月五日、愛媛県興居島《ごご》（現、松山市由良）に生まれた宮本は、広い視野を持ち、技術者はもとより、文学者、芸術家、政治家など多方面に心の友を持っていた。大河津分水工事の現場では、労務者と一緒に歌う〝信濃川改修の歌〟を作詞し、地元の人々、労務者と分け隔てなく付き合っていた。若い頃には小説も書き、作家を志していた。しかし、彼の学費を用意していた人たちから猛反対され、作家はあきらめた。旧制第一高等学校時代の同級生に、芥川龍之介、久米正雄、菊池寛がおり、彼らとの友人関係は長く続いた。彼は中学時代から詳細な日記を認《したた》め、そこには日々の行動記録のみならず、次々と読んだ世界文学全集それぞれの作品の読後感が記されている。夜の宴会に顔を出せば、居合わせた芸妓の芸名、その他も一々日記に記す克明（?）振りである。惜しくも四九歳で亡くなった昭和一六（一九四一）年十二月二十四日まで記録し続けた日記そのものが、彼の生きた時代の証言と言える。

高崎哲郎著『評伝 工人宮本武之輔の生涯』（ダイヤモンド社、一九九八年）は、丁寧に宮本の一生とそ

宮本武之輔(1892-1941)

の軌跡を追っているが、宮本日記を通読したため、より精度を高め、話題を広げることができたと思われる。大淀昇一著『宮本武之輔と科学技術行政』(東海大学出版会、一九八九年)は、大淀が東京工業大学工学部社会工学科助手時代に宮本について詳細に調査研究し、それを東京工大工学部に提出した博士論文をまとめ上げた力作である。彼はこの論文によって東工大初の学術博士号を取得した。高崎の著作も、この大淀論文が重要な引用文献となっている。同じく大淀昇一著

『技術官僚の政治参画』（中公新書、一九九七年）は、前述の大著の一般向け解説書である。大淀昇一とは博士論文以来の付き合いだが、中公新書の企画について相談を受け、これで宮本武之輔の知名度が上がると考え、共に喜び書名に宮本武之輔の名が冠されると思いきや、宮本武蔵ならともかく、宮本武之輔の名は土木界の一部にしか知られていない、その名を書名に入れても、店頭で手にする人は既に宮本をある程度知っている土木関係の少人数に過ぎない、とのご判断であった。結局は、われわれには大変わかりにくい固い書名となった。

豊富な宮本（による）文献

宮本は比較的短い生涯に、多数の論文、学術書、随筆、論説を出版し、講演記録も多い。日記を含め、これら文献のおかげで彼の行動や主張はもとより、宮本が奮闘した時代背景を、相当程度知ることができる。大正六（一九一七）年六月七日、東京帝大卒業後に内務省土木局に入り、利根川改修工事、荒川改修工事では荒川放水路工事を担当。大正一二（一九二三）年の欧米出張ではイギリスでフェビアン協会と労働党を訪問したが、それは他の技術者とは異なる。昭和二（一九二七）年には信濃川放水路自在堰の陥没事故の修復と放水路再建の主任となり、大任を全うする。昭和六（一九三一）年土木局第一技術課へ、日本工人倶楽部（クラブ）理事、昭和一四（一九三九）年には興亜院技術部長、昭和一六（一九四一）年には企画院次長となる。この間、内務省での河川事業はもとより、工人倶楽部などを通し技術者の地位向上運動に一生を捧げる。それは単に技術者のためであるよりは、むしろ技術と技術者が正当に評価されてこそ日本の発展がもたらされるとの信念に基づいていた。高級官僚として、一般の土木技術者のなし得なかった活動は、彼の広範な教養と卓抜な交際力に支えられた実行力の賜であった。

フェビアン協会と労働党（ロンドン）訪問

大正一三（一九二四）年一二月一六日の宮本のフェビアン協会訪問は、日本の技術者として極めて珍しい。フェビアン協会とは、一八八四年設立されたイギリスの社会主義団体であり、産業の社会化、政治機構の民主化の徹底などを主張し、斬新的な社会主義化を目指していた。命名は、古代ローマの執政官フェビアンに由来する。宮本は、書記長ダルトンに面会し、協会について聞き取るとともに、日本工人倶楽部の設立趣旨と活動などを紹介した。二度目の訪問では、宮本は学生時代から、かのバーナード・ショー（George Bernard Shaw）（一八五六〜一九五〇）には強い関心を持っていたので、バーナード・ショーとフェビアン協会との密接な関係などを質問した。バーナード・ショーはイギリスの近代演劇の確立者であり、辛らつな批評家としても名高く、一九二五年にノーベル文学賞を受賞した。ダブリンでプロテスタントの家庭に育ち、学校教育は小学校だけ、あとは独学、既成宗教と階級社会に反発する現実主義者から社会主義に傾倒、フェビアン協会に入会し実践活動を行う。

大正一四（一九二五）年一月六日にはイギリス労働党本部を訪問、日本工人倶楽部を紹介し、両者は今後連絡を取りつつ協力することを約束している。政治、経済のみならず社会、文化について、さらには労働者問題も討議したようである。ロンドンでの訪問先は、大正末期の日本の情勢を考えると、極めて進歩的、もしくは官僚としては誤解を招きかねない勇敢な行動であった。

信濃川大河津分水自在堰陥没

宮本の帰国後間もなく、昭和二（一九二七）年六月二四日に信濃川分水大河津において、内務省創立以来の大事故が発生した。放水路入り口に当たる自在堰八連のうち、三連が陥没したのである。宮本は技監と共に急遽現地へ赴いた。自在堰の流量調節機能は完全に止まり、信濃川の主流はすべて放水路へ流れ込み、本来の旧信濃川には一滴の水も流れなくなった。

内務省土木局の威信は失墜し、新潟土木出張所長（現、北陸地方整備局長）ら幹部は更迭され、その後任に青山士、現場主任に宮本武之輔が任命された。陥没した自在堰の復旧は、軟弱地盤に苦闘したため、原形復旧はあきらめ、新たに堰を建設し直すことになった。宮本は新たな堰の設計を含む放水路計画の責任者を任された。宮本の技術能力は高く評価されていたので、大河津の再建を任すにふさわしかったが、さらに別の理由もあったと思われる。それは、この事故に対し、大河津のみならず、流れが途絶えた信濃川本川での内務省に対する非難が凄まじく、その収拾は容易ならざる情勢であった。宮本には、技術力と同様に、怒れる民衆を説得できる包容力、識見、気力が求められた。困難な事態に立ち向かう実行力に関しても、恐らく宮本に勝る責任者はいなかったであろう。

大河津に着任早々、事務所員への挨拶は、声涙ともに下りしばし絶句したという。〝自分はこの難局に一生を賭す覚悟であり、技術者としての生涯の生命はこの工事によって定まる。この工事は、内務省直轄工事に関する雪辱戦、昨年の災害の犠牲者のための弔い合戦である〟と力説した。彼は、三項目からなる執務要綱を作成し職員全員に配布した。彼はさらに、〝信濃川補修工事の四季〟〝北越旅情の歌〟などを次々と作詞し、自らも歌の輪に入り、職員、労務者と共に歌い、士気を高め、全員が一致協力して働くよう演出した。

この工事は約四年の歳月をかけ、昭和六（一九三一）年六月二〇日には内務省技監、土木局長、新潟県知事らを迎え大河津にて竣工報告祭が挙行された。宮本は同年七月三一日、大河津の主任を解かれ内務省土木局第一技術課へ復帰した。

昭和二（一九二七）年の事故を克服して完成した大河津分水の竣工によって、氾濫を繰り返していた広大な蒲原平野の乾田化は推進され、たびたびの氾濫により農業生産が不安定であった同平野は、全国有数の肥沃な稲作地帯となり、新潟県の農業生産に著しい好影響をもたらした。宮

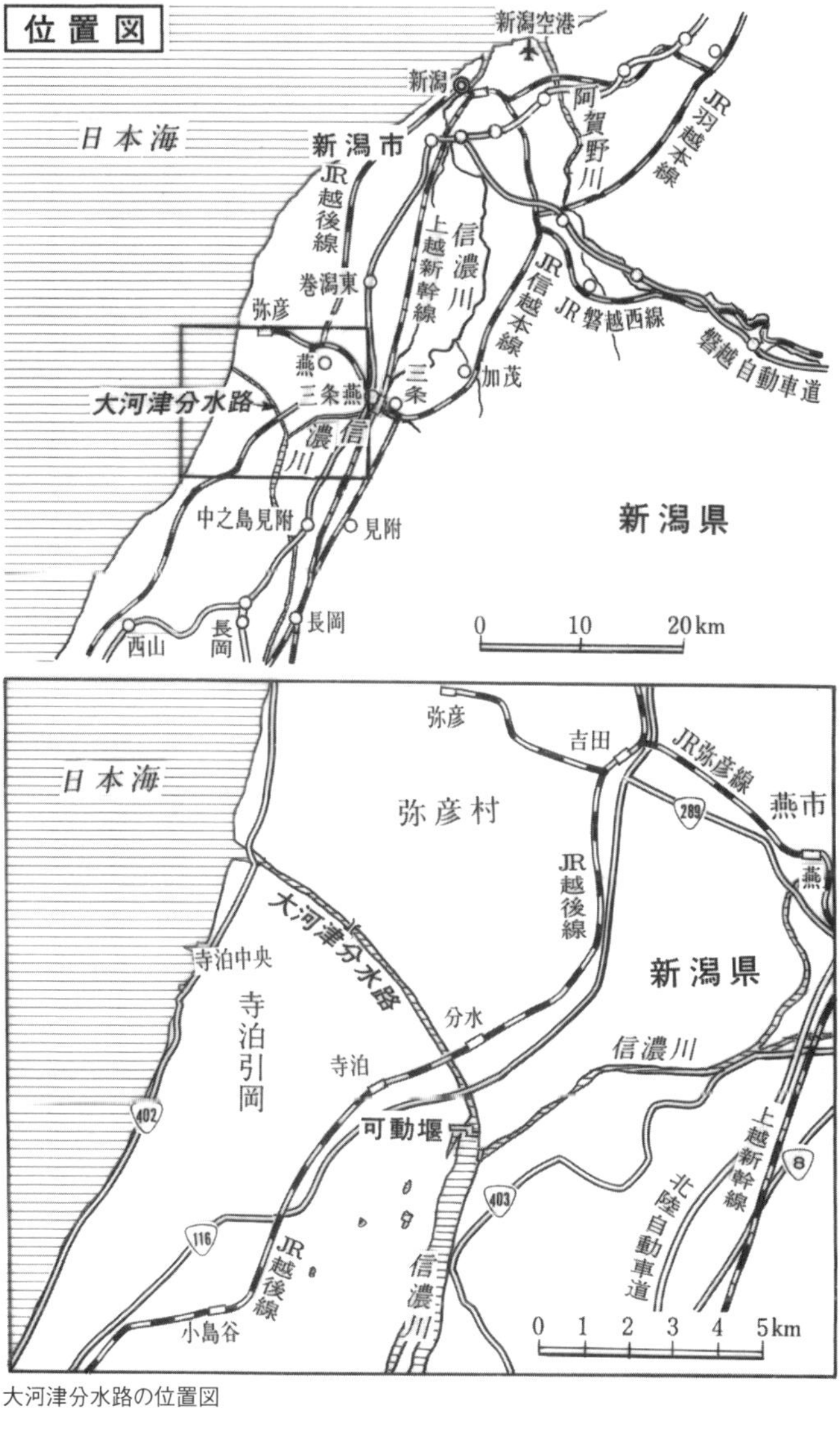
位置図
新潟空港
新潟
日本海
新潟市
阿賀野川
JR羽越本線
JR越後線
上越新幹線
信濃川
巻潟東
弥彦
JR信越本線
JR磐越西線
磐越自動車道
燕
三条燕
三条
加茂
大河津分水路
濃信
川
中之島見附
見附
新潟県
長岡
西山
長岡
0 10 20km
日本海
弥彦
吉田
JR弥彦線
燕市
289
弥彦村
燕
JR越後線
大河津分水路
寺泊中央
新潟県
寺泊引岡
分水
信濃川
寺泊
402
可動堰
8
上越新幹線
北陸自動車道
403
116
JR越後線
信濃川
小島谷
0 1 2 3 4 5km

大河津分水路の位置図

左から宮本主任、廣井博士、青山所長（洗堰の上流側にて、1928年7月）／高崎哲郎監修『久遠の人 宮本武之輔写真集「民衆とともに」を高く掲げた土木技術者』（北陸建設弘済会、1998）より

本は、この工事主任として、当初は怒れる地元民を説得しながら、陥没した自在堰の復旧は断念して、その下流に新たに設計した可動堰を建設し、放水路の下流には河床の洗掘を防ぐ第一および第二床固を設置した。大河津地点から河口の新潟市まで五五キロメートルの流路に対し、大河津分水は日本海の河口までわずか一一キロメートル、したがって分水は河口に近づくほど勾配が急となる不自然な人工河川であった。そのため河床洗掘を防ぐ床固めが重要施設であったが、その維持管理には、その後長く苦労することとなった。

信濃川大洪水と宮本の決断

昭和五（一九三〇）年七月三一日、信濃川に大洪水が発生した。信濃川上流部の豪雨により大正三（一九一四）年以来の出水となった。上流で破堤の危険ありとの情報を受けた宮本は、八月二日午前九時、辞表覚悟の上、独断で〝仮締め切りを切れ〟との大英断を下した。そのため、分水の工事現場に濁流が押し寄せた。現場を犠牲にして大損害を出しても、本川堤防の決壊を防ぐためであった。午後八時には上流の脇川堤防が切れた。三日午後、青山士所長が現場を訪れた。宮本が独断で仮締め切りを破ったことを報告し、〝責任は取ります〟と告げたのに対し、青山は〝私が君の立場であれば、同じ決断を下していただろう〟と部下の勇気ある決断をむしろねぎらった。脇川破堤に怒った多数の農民が押しかけていた。〝警察は呼ぶな〟と部下に指示した宮本は、〝私一人ですぐ対応する〟と、いきり立った数十人の農民の前に出た。〝水害復旧は内務省の責任において早急に実施する。大河津分水の復旧は来年春までには必ず完了させる。ご安心ください〟と冷静に淡々と約束する宮本の誠意は伝わり、農民たちはやがて納得して引き上げた。

宮本は部下たちに、〝われわれ土木屋は、つねに民衆の懐に飛び込まなければならない。もしこのような場合、警察を呼んだり、私服（刑事）を潜らせてそれが発覚したら、取り返しのつかないことになる。「民を信じ、民を愛す」が私の信条だ。私は殴られることを覚悟して話したんだと言った。〟〝われ民衆と共にことを行わん〟（PRO BONO PUBLICO）をつねに信条としていた宮本の、ロンドンでフェビアン協会や労働党を訪ねた進歩的思想が具体的に行動として示された例である。

大河津分水工事に邁進していた間、宮本は昭和三(一九二八)年一月一二日付で東京帝大より工学博士号を授与された。テーマは、〝コンクリート及び鉄筋コンクリート扳力試験〟であった。

宮本は荒川放水路従事中から大河津時代、後の土木局時代を通して、マス・メディアの重要性を認識し、様々な講演、出版などを通して極めて有効にそれを利用した。大河津時代には、新潟新聞、三条市や長岡市の地元新聞の依頼に積極的に投稿し、多くの講演要請にも応じている。ここでも、彼の文才と巧みな発想が活きている。そこでは、つねに民衆の立場を重んじ、自在堰破損を内務省の責任と明記し、一切言い訳がましいことは言っていない。現代では当然とも言えるが、昭和初期、治安維持法、官尊民卑の世で、言論の自由は全く踏みにじられていたことを思うと、まさに時代に先んじた姿勢である。〝知らしむべからず〟の時代に〝知らしむべし〟の方針を貫いている。

地元新聞への祝辞

地元長岡市の越佐新報社が燕町に支局を設けた際、宮本に祝辞を依頼した。宮本は間接的に承諾を伝えると、二〇分後に電話で口頭の祝辞を述べ記者に筆記させた。曰く〝カーライルによれば、人類の歴史は英雄の伝記であり、時代を作るのは英雄であると述べたが、英雄崇拝の時代は昔の夢となり、今や民衆の時代である。而して、この民衆の流れに掉し舵を操るのは新聞でなくてはならぬ。新聞こそ民主の覚醒を促す晩鐘である。（中略）新潟県下の開発福利増進を助成する上に於いて、新聞の協力に俟たなければならない〃

これは一新聞社への祝辞ではあるが、ジャーナリズムの在り方について、昭和初期に既に先見の明に値する達見である。

東大の講義

昭和一一（一九三六）年五月、東京大学教授の兼任を任ぜられ、〃河川工学〃を担当する。筆者は残念ながら小学生時代で、その講義を聞く機会はなかったが、それを聞いた先輩方の話では、他の講義とは異なり、極めて質の高い文化論的河川工学であり、迫力と熱意に満ちていたとのことである。曰く〃工学の知識を吸収しただけでは知識人とは言えないし、実社会では役に立たず、人間として未熟である。哲学、文学、歴史など、何でも若いうちに貪欲に学び鍛えなければならない〃

黒板に数式は全く書かなかった。古今東西の哲学者、文学者、物理学者のコトバや生き方が次々と出て、英詩や漢詩を板書きしたこともあるという。学生諸君から見れば、これが河川工学かと面食らったかもしれないが、類例のない堂々たる講義であったに違いない。もっとも、政府要人であった宮本ゆえに、休講も多く、講義が終わるやいなや急いで内務省へ帰ったとのことだ。東京帝大で最初の河川工学を担当した古市公威も、内務省から馬で駆けつけ急いで帰ることが多かったと伝えられる。

宮本の講義は、恐らく古今東西を通じて全く例のない個性の強いものであったであろう。宮本の著書に『治水工学』(修教社、一九三六年)があり、大学生向けの教科書と考えられる。本書は第二次大戦までの河川工学の到達点とも言える集大成である。その序文では、本書出版の二年前(一九三四年九月)に西日本に大水害を発生させた室戸台風(室戸岬で九一一・九ミリバール)が、河川技術者に緊張感をもたらしたことが記されている。宮本の本書では、〝明治以来導入した西欧技術は、わが国古来の治水工法に消化され、わが国独特の近代的治水工学が完成した〟と自負している。明治以来の指導的河川工学者が、つねに西欧技術を日本の自然と歴史に融合させることに努力してきたことは、本書からも明瞭に窺える。さらに、自らの経験による日本の河川改修の実例を、欧米のいくつかの実例と対比しつつ、わが国治水工学の独自性を示している。ただし、本書はハンドブック的教科書の体裁をとっているため、宮本の他の多くの著書に見られるような技術もしくは治水思想は披露されてはいない。したがって、伝えられる東京帝大での宮本の講義そのものをまとめた書とは言えない。とすれば、大学での講義は、型にはまった知識の集積ではなく、河川現場での自らの体験、膨大な読書から絞り出された哲学に基づいて、学生に河川技術者の在り方を吐露したものと言えよう。

さらに、『河川工学』（アルス社、一九三六年）、『最新河川工学』（工業図書、一九三九年）も、『治水工学』に新情報を加えつつ、工学もしくは現場技術者を意識した異なる読者対象の類書である。なお、博士論文のテーマであったコンクリート関係では、『混凝土及鉄筋混凝土』（上巻・下巻、日本工人倶楽部出版部、一九二五年）、『混凝土道路』（工人社、一九三〇年）、『最新鉄筋コンクリート工学、第四部 特殊構造物篇』（丸善、一九三六年）などがあり、その他、随筆、論評類も多く、昭和一四〜一六年の三年間に『現代技術の課題』（岩波書店）など八冊を出版している。また雑誌類からの依頼原稿、講演などは無数であり、恐るべき知的生産力である。

宮本武之輔の日記

これらに加えて、既に紹介した宮本武之輔日記について若干追加解説すると、この日記は、中学時代から、満四九歳で企画院次長として亡くなるまでの三五年間に及ぶ。宮本の興亜院時代からの腹心の部下であった本多静雄、篠原登、笹森選らは、宮本の死後、日記を発表することにした。菊池寛もその名文を評価したように〝名文のこの日記は、日常の行動記録に止まらず、同時代における技術界の動向、内務省の技術者の行動や考えなどに関する重要な記録でもあり、わが国の技術史、文化史の重要文献である〟

この日記は一一、〇〇〇ページ余の大冊となり、日記余録も合わせて全二二巻に達している。

大淀昇一、高崎哲郎、田村喜子はじめ、宮本について研究または文学作品を作成するに際して必読の文献であった。

技術者の地位向上運動に情熱

しかし、以上のすべての業績よりも、宮本が生涯を通して最も情熱を込めたのは、技術者の地位向上運動であった。その具体的行動の軌跡については、大淀昇一著『宮本武之輔と科学技術行政』に詳しい。特に顕著な成果は、一九一〇年創立された日本工人倶楽部の活動であり、統合的科学技術行政確立へ向けての新組織設立であった。

日本工人倶楽部設立の趣旨は、官僚の世界、特に内務省は法科出身でなければ要職には就けず、技術者は著しく冷遇されている。この対策として、技術者は一致団結して地位向上のための具体的行動を起こすべきである、と宮本は新聞、各種工学組織の機関誌など、各方面に健筆を振るって激烈にその趣旨を発表した。

その要点は、〝技術を重んぜざる社会は咀《のろ》はる可し。技術家を重んぜざる社会は咀はる可し。技術家の社会的地位の向上を目指す運動は、飽くまで文化運動でなければならない。技術家が名実ともに社会各方面の原動力となってこそ、人類生活は一段の向上と進境とを示す可きであるとの確信を根底としなければならない。そのためには、技術はその修養を根本的に改めなければならない〟

本会定款の第一条には、次の三大綱領が掲げられている。一、技術者の覚醒、一、技術界の弊風匡正、一、技術者の機会均等。〝すべての技術者は大同団結し、その団結は学術的、経済的のみならず、社会的、政治的にも発展すべきプログラムを備えよ〟

宮本が目指したのは、科学技術を政策の中心に置き、技術官僚がこれを統括できる科学技術新体制の確立であった。その技術者運動の中心は、土木の工学技術の専門家であった。

宮本を徹底的に研究した大淀昇一は、この運動推進は、科学技術への幅広い国民的関心の喚起、そして文科、理科を問わず、技術者の充実を提案している、総合的な幅広い教養としても、科学技術を身につけるべきだと力説している。

宮本の幅広い技術者運動の根底には、彼の知識と考え方を若い頃から培ってきた旺盛な読書の成果、技術界のみならず、文科関係を含む数多くの友人との付き合いを核とする人生観、世界観がある。それがフェビアン協会などを訪問したり、積極的に文学者、法科出身の文科系の人物とも接触する動機であろう。また、宮本の読書の範囲の広さには驚かされる。世界文学全集を読みこなし、トルストイ、イプセン、セルバンテスなどの読後感は熱く日記に記されている。哲学も、ニーチェには青年期に強い関心を寄せ、明治四四（一九一一）年三月二日の日記ではニーチェの「ツァラトゥストラはこう云った」の英訳文を熟読し、〝権力意志（will to power）〟に取り憑かれている。

このような多様な読書や荒川そして信濃川の工事経験、当時はごくわずかなエリートしか経験できない欧米視察の成果などをちりばめた大学での〝河川工学〟の講義、および一般向けの講演に魅力があったのは当然である。

軍国主義と技術者運動

宮本らの技術者運動の行政への開花は、皮肉にも昭和六(一九三一)年の満州事変以後であった。軍国主義が強まり、大政翼賛的な風潮下、生産拡大が急務となり、科学技術が重視された。必然的に軍部の力を背景に、技術官僚が行政の表舞台に立つようになった。昭和一二(一九三七)年に始まった中国との戦争は長引き、日本は昭和六年以後、つねに戦時下にあった。国防国家建設は急務であり、それを支える科学技術の振興は、政治上も重要であった。戦時体制が科学技術行政を後押しする結果を招いたのは、技術者運動本来の趣旨ではなかった。

一方、日本工人倶楽部は、技術者の覚醒を目標に、技術者教育に取り組んだ。大衆的な工業教育活動として土木議事録を編集し、学歴社会に挑戦する技術者資格検定試験を実施、日本工人工学校設立を企画するなど、地道な活動も実施している。

大政翼賛運動下ではあったが、科学技術関連は新たな構想に基づいて進展した。全日本科学技術団体連合会（全科技連）の設立、科学技術新体制確立要綱の閣議決定、昭和一七（一九四二）年技術院設置と合わせて科学技術審議会も発足した。これら種々の新科学技術行政の発展には、企画院次長となった宮本の提案に基づく点が多い。

これらの科学技術行政の発展は、むしろ第二次大戦後、大来佐武郎らの努力によって花開くこととなる。

宮本武之輔を讃える

松山市興居島の生まれ故郷に、ひときわ目立つ石碑が建てられている。昭和二九（一九五四）年五月、全日本建設技術協会によるもので、〝偉大な技術者 宮本武之輔博士この島に生る〟とあり、裏面には〝宮本武之輔君は正義の士にして信念に厚し、卓抜せる工学の才能と豊かな情操と秀でたる文才とを兼ね具へ終生科学技術立国を主喝す。知る者皆其の徳を慕ふ。明治二五年一月生　東京帝国大学工科大学土木工学科卒業　内務技師として我国土木事業に盡瘁　興亜院技術部長として大陸の建設事業を指導　昭和一六年一二月東京に於て没す〟と刻まれている。

そして、宮本武之輔を偲び顕彰する会（会長 鈴木幸一）は、宮本について調査し、その成果として宮本の銅像建設が進められ、平成二四（二〇一二）年一一月一八日、その完成式典が松山市にて行われた。この銅像は興居島に、宮本の誕生日である平成二五（二〇一三）年一月五日に建立された。

◉河川哲学を確立した安藝皎一

安藝皎一の河相論

「河川水理の目標は河川を知ることである。常に生育する河川は、純粋思惟によってはその本然の姿をそのまま把握することはできない。具体的に生活的に経験することによってのみ、知り得られるのである」――（安藝皎一『河相論』一七四ページより）

安藝皎一は、昭和時代におけるわが国河川工学の最高峰として讃えられる。東京帝大土木工学科を大正一五（一九二六）年に卒業、内務省鬼怒川事務所に勤めたが、そこでの上司が青山士であった。この青山との接触によって、河川技術者としての川の見方を膨らませた。青山から聞いたパナマ運河工事の話は、工事の技術よりはむしろ、明治中期、最も悲惨な現場で自らの意志によって独り参加した心意気と、透徹した人生観に安藝は打たれたという。

筆者は昭和二五（一九五〇）年東大第二工学部を卒業、卒業論文の指導教官は、同第二工学部教授の安藝皎一であった。青山大先輩については、安藝皎一から初めて伺うことができた。その際の卒論のテーマが〝信濃川大河津分水が河相に与えた影響〟であった。大河津の建設省宿舎に滞在した際、大河津分水地点の記念碑に心を打たれた。それは、本書の青山士の項に述べた通りである。

安藝皎一（1902-1985）

安藝先生と筆者

安藝は鬼怒川、富士川改修工事に一三年間従事、特に昭和一〇（一九三五）年以後における、富士川上流の釜無川と富士川河口近くの左岸、東海道在来線と新幹線の間の独特の水制群は、初めての鉄筋コンクリートによる水制であり、国内有数の個性豊かな治水施設である。この富士川における経験を踏まえて、昭和一二（一九三七）年から内務省土木試験所兼務となり、河川実験を重ね、現場での綿密な歴史的観測に基づく河床の土砂移動を基礎に、新たな河川哲学を創出し〝河相論〟と名付けた。これは、安藝の博士論文となった。河川を有機体として捉え、それぞれの河川には著しい固有の特性があるとしている。流域の自然ならびに社会的条件が変われば、洪水や渇水などの河川現象の特性も変わる。安藝は〝河相とは河川のあるがままの河の姿である。河川の形態は千差万別である。（中略）河川をつねに成長しつつある有機体と考えたい。河川は絶えず変化しつつ、永遠の安定せる世界へと不断の歩みを続けているのである〟と述懐する。

河川という自然と技術との関係

安藝は単に優れた河川技術者ではなく、河川という自然に対する技術の在り方を探求する姿勢を持ち続け、川と人間の関係を思索し続けていたのである。安藝は、土木工学科入学以前に東大英文学科学生として一年過ごしている。その動機、そして結局土木工学科へ転入した経緯はわからない。父の杏一《きょういち》は、東大土木工学科を明治二九（一八九六）年卒業、港湾技術者として新潟港、特に横浜港の計画や工事には初代横浜土木出張所長として携わった。関東大震災で壊滅的打撃を受けた横浜港の復興に陣頭指揮を執り、完全に復興した成果が高く評価され、横浜文化賞を授与されている。新潟で生まれた安藝皎一は、若い頃、大河津分水工事に興味を持ってしばしば現場を見学し、父の影響で土木技術者を夢見ていた。一方、文学青年として英文学への執心は止め得ず、いったんは英文学への道を目指したが、思い直して土木工学科へ入学し直した。このような経験は、安藝を文学を理解する河川技術者として大成させることとなった。

内務省における最初の仕事で、上司青山士と接したのは偶然の幸運であった。安藝が大学を卒業した大正一五年の二年後に廣井勇は他界しているので、安藝は廣井と直接に深い接触はないが、廣井の人生観を最も親しく吸い込んだ青山から偉大な廣井山脈を知り、自らもやがて山脈の一つの峯を築くこととなる。

安藝が最も大きな影響を受けたのは、大学卒業年次では九年先輩の宮本武之輔である。宮本の興亜院時代に発生した黄河の破堤が、宮本と安藝の関係を決定的に接近させた。

黄河の軍事的破堤

昭和一三（一九三八）年六月一〇日、黄河の鄭州近くの花園口にて、中国蒋介石の指示により、軍事的に堤防が切られた。昭和一二（一九三七）年七月七日、盧溝橋にて発生した日中戦争は、拡大して全面戦争となった。華北および上海の南、杭州から上陸した日本軍は、それぞれ主要都市を占拠し、中間地点にある軍事拠点としても重要な徐州攻略戦で合流し、徐州占領後は西へ向かい鄭州を目指して進撃中であった。その進撃を阻止するため、中国軍は黄河右岸を軍事目的で破堤した。

その氾濫流は淮河を呑み込み、一部は長江付近まで流れた。氾濫面積は五四〇万ヘクタール、四国と九州を合わせた面積にほぼ等しい。この大水害による中国人民の死者は実に八九万人、罹災者は一二五〇万人に達したと中国政府は発表している。軍事的破堤であるから、洪水予報はおろか、破堤は事前には積極的に隠蔽された。その原因は日本軍の進撃であり、被害の大きさは二〇世紀最悪の大水害である。

黄河が峡谷を出て扇状地に入った破堤地点の黄河南岸の花園口周辺は、黄河の長い歴史においてしばしば破堤している。軍事作戦による破堤の顕著な例は、一六四二年、開封を守っていた高明衝が包囲軍を破るため、柳園口で人為的に破堤した。これにより、開封の住民三七万人中三一万人が水死したという。

規模はかなり異なるが、破堤の危険度が高く、破堤した場合の被害が深刻になる点では、現在の利根川南岸の栗橋から権現堂堤辺りの状況と類似している。国交省は、もとよりこの辺りが治水上重要であることは承知しており、安全度の高いスーパー堤防で守っている。

黄河破堤後の対策

ところで、日本軍にとってはもちろん、政府としても黄河大氾濫対策は急務であった。その任に当たったのは、興亜院技術部長の宮本であった。昭和一四（一九三九）年六月、宮本は安藝を呼び出し、興亜院との兼務技師を要請、差し当たり依頼したのは黄河対策であった。その一ヵ月後の七月、安藝は宮本に同行し、陸軍専用機で中国へ飛んだ。安藝は、まず黄河堤防修復工事に関する主任技師として指揮監督となった。これが契機となり、安藝の黄河の視察調査を目的とする中国出張は、戦前の五年間に一三回にも及んだ。

黄河視察では、大水害の黄河の氾濫流の経緯、そして大水害による黄河の変化に注目した。日本の川では決して見られない大規模かつ雄大な川の歴史は、従来の安藝の河川観の幅を広げ、大いなる刺激を与えた。特に世界一の土砂流出量、禹の時代から四〇〇〇年の水害と治水の歴史を持つこの川の特性は、日本とは桁違いの規模と複雑さに満ちていた。

破堤地点花園口を訪ねる

僭越ながら筆者も、いつかは黄河をと思っていた。特に昭和一三（一九三八）年六月一〇日の破堤地点の花園口およびその周辺の河道と治水施設、氾濫先の地形などに接することは、学生時代に安藝の河川工学でしばしば伺った黄河の話に刺激を受けていたので、ずっと念願であった。

その頃、中国は文化大革命に揺れ、外国人を受け入れるのは難しかったが、昭和四七（一九七二）年に日中友好条約が締結され、文化大革命もようやく治まり、昭和五四（一九七九）年初めて中国を訪問、北京で黄河治水に実績を上げた治水の大家張含英とも面会がかない、その足で破堤地点の花園口を訪ねた。

案内した中国技術者は、この軍事的破堤には、当然ながら極めて否定的であった。あの悪逆無道の蔣介石が無謀な破堤を指示し、そのため中国の無辜《むこ》の民約九〇万人を犠牲にしたことへの強烈な非難であった。元をただせば日本軍の進撃ではあったが、日中国交正常化以後は、どこへ行っても技術者たちは決して日本を非難しなかった。もっとも、何回か中国を訪問したが、日本の教科書問題が発生した際には、中国の河川技術者は決してそれを口にはしなかったけれども、技術者以外の運転手を含め一般の人々の日本批判は厳しかった。

黄河の破堤地点に立ったときは感無量であった。日中戦争に絡む歴史的背景、日本の河川破堤とは違う光景、かつて安藝がその大水害直後に国の使命を帯びて視察した黄河報告などを思い出しつつ、広大な河幅、洪水時の巨大流量と膨大な流送土砂量の黄河を頭に浮かべた。もちろん、日本河川の破堤とは全く異なっていた。安藝が、黄河での経験を大学の講義でしばしば熱情をもって解説していた理由が少々わかってきた。安藝は黄河調査後、河川観をさらに深めたのは、調査についてのたくまざる覚悟があったからであろう。

黄河調査は、宮本と安藝の距離を一挙に縮めた。比較的長い旅、黄河での対話を通して、宮本は安藝の幅広い見識に接したに違いない。おそらく、黄河や日本の川についての話題を越えて、お互いに幅広い知識に基づく技術観が両者の相互認識を高めたと思われる。宮本は安藝を単なる役職の後継者ではなく、土木界、技術界における後継者にふさわしいと感じた。昭和一六（一九四一）年一二月二四日の宮本の急死は、彼を慕う多くの人々を落胆させたが、宮本に親しみと敬慕の念をもち、肝胆相照らしていた安藝にとっては、ことのほか失望の念は高かった。

安藝は昭和一六年以降、東大第二工学部にて、その廃部の昭和二六（一九五一）年まで、河川工学の講義を担当し、筆者は在学中、昭和二三、二四年度にその講義を聞く機会を得た。宮本の講義と同じく、安藝の〝河川工学〟は、他のいかなる大学にも類例のない講義であったに違いない。この時代、ほとんどの大学での河川工学の講義は、河川水理学の解析手法に加えて、河川計画や事業の基礎知識の伝授が大部分であったと思われる。

宮本も安藝もあまり板書せず、数式の紹介や解析は全くなかった。宮本の講義には古今東西の文学や哲学からの引用が多かったというが、安藝の講義もまた、これがなぜ現代の河川工学かと思わせる内容が多かった。ともかく、既成概念の講義とは全くと言ってよいほど異なるものであった。

資源調査会事務局長時代(写真提供:安藝家)

資源調査会事務局長

安藝は、昭和二二(一九四七)年一二月、当時の経済安定本部に設置された資源調査会(当初、資源委員会)の初代事務局長に就いた。GHQ天然資源局において、資源論を開拓していた地理学者エドワード・A・アッカーマン(一九一一~一九七三)が資源調査会の生みの親であり、その後押しで同会は設立された。同調査会は、戦後の日本の復興に連なる資源政策を、勧告などの形で次々と発表した。GHQの支援もあり、昭和二〇~三〇年代の資源政策は、この調査会がリードした。

安藝教授の河川工学講義

ところで、大学における安藝の河川工学の講義には、当時、資源調査会に没頭していたこともあり、その勧告や資料に関する最新情報が盛り込まれていた。大学で筆者が受けた講義は、博士論文〝河相論〟の思想、富士川での体験、そして黄河での視察経験談が、必ずしも整然とした順序ではなく、次々と断片的に展開されるので、他の土木工学の講義とはあまりに異なり戸惑った学生も多かった。例えば、富士川水系の武田信玄による信玄堤や河口近くの江戸時代初期、古郡三代によって完成した雁《かりがね》堤の話から、突如（学生にはそう感じられた）資源調査会の勧告の話に飛んだりした。

安藝の大学での講義は、このように宮本と同様、他の教授とは極めて異なるものであったと言えよう。すなわち、数学と力学の論理一辺倒ではなく、狭義の土木工学から離れ多様であり、文化的素養に富んでいた。また、宮本が内務省の土木行政の枠から離れ企画院に籍を置いたように、安藝は新設の経済安定本部に属する資源調査会で戦後復興政策の基礎資料のまとめに奮闘した。ともに、新天地で活躍できる素地と進取の気性に富んでいたからに違いない。

資源調査会と戦後行政

土木行政には、明治以来、つねに新たな分野を開拓する新しい技術官僚を必要としていた。特に終戦直後のように、旧来の枠組みを打破し、新鮮な方針が求められていた時期にはなおさらであった。元来、資源調査会は連合国軍総司令部の後押しがあったことに加え、安藝や大来佐武郎らの革新的技術官僚の意欲に満ちての努力が実り、戦後における貴重な役割を果たすことができた。それを可能ならしめたのは、調査会発足以来、中堅職員として活躍した地理学者石井素介が指摘しているように、既存各省庁からの〝独立性〟を保持できたこと、自前の調査予算とスタッフを持って、直接現地調査を実施し得たこと、調査に際して、例えば〝自然の一体性〟に代表される〝基礎理念〟を共有できたこと、参加メンバー間に〝自由闊達にして超学際的な〟雰囲気が満ち満ちていたことが、他の官庁には容易に見られない特徴であった。

一方、上述の事情ゆえに、資源調査会における業務は、既存の伝統ある省庁と衝突することも多かった。特に安藝局長とその部下の河川関係職員は、建設省河川局との折衝に苦労していた。筆者も河川工学を専攻していたため、その煽りを受けることもしばしばであった。資源調査会は当初、土地、水、地下資源、エネルギーの四部会で発足したが、やがて衛生部会、繊維部会、地域防災部会、防災部会、森林部会、さらには治山治水特別部会などもできて、国土における資源を、新しい資源思想に基づいて総括的あるいは総合的に捉えるようになった。その当時、土地や水を資源として捉える考え方は、極めて新鮮であった。行政分野では水は、河川、各種用水、上下水道に分かれていた。土地やエネルギーなども同じく各官庁が部門ごとに担当していた。

建設省河川局にしてみれば、明治初期の内務省以来、河川改修を主体とする治水行政を責任と誇りを持って担当してきたので、それを新設官庁からとやかく言われるまでもないと思ったであろう。おまけに、昭和二〇年代は大規模な風水害が毎年のように発生し、災害対策と治山治水予算の膨張に大蔵省は苦慮していた。大蔵省は安藝局長を頼りにして、治水予算の適正化への基本姿勢に関して非公式に資源調査会の役割に望みを託していたようである。安藝局長から、しばしばその件を筆者は聞いていた。河川局は、それを気にしてはいたが、建設省（内務省）出身の安藝局長が自らの古巣に背を向けることはあるまいと思っていた。しかし、前述した治山治水部会には、当時の河川行政に厳しい見解を持つ委員も多かった。

以後、資源調査会から発表される治山治水関係の資料、報告、勧告には、建設省河川局の意に副わぬものが少なくなかった。かてて加えて、やがて筑後川上流部に建設省が計画した多目的ダムの下筌《しもうけ》ダム反対運動のリーダー室原知事が東京地裁へ訴えた。このダムを含む筑後川治水計画は公共事業の名に値しないとする〝事業認定無効確認〟事件において、原告室原知事側の鑑定人が、筆者を含めほとんど資源調査会専門委員であったことも、被告であった建設省側をさらに警戒させることになった。当時、河川局におられた筆者の先輩や同僚たちは、筆者に〝資源調査会は、なぜあんな変な人たちばかり、治山治水部会の専門委員に任命するんですかねぇ〟と嘆いていた。

以上は、資源調査会と関係省庁の対立の一局面であるが、治山治水部会では、各専門を異にする専門委員の学者の間で、自由闊達にして喧々諤々の議論がつねに交わされていた。資源調査会がこのような雰囲気に包まれており、そこから各種報告が発表されていたことは、一部に自らの権限が侵されたと意識した行政側があったにせよ、大局的には、わが国の中央官庁において、自由の砦が厳として存在した証左と評価すべきである。

それは資源調査会の発生の時期、総司令部の権限と熱意などの社会情勢のゆえと考えられる。しかし、その間の状況を十分把握して、問題の核心を客観的に捉えた向きは、必ずしも多くはなかった。さらには、特に治山治水や水資源の部門では、それが専門であり、独自の見解と信念を持っていた安藝局長の存在は極めて大きかったと言える。安藝局長は雄弁に論旨を鋭く主張するタイプではなく、むしろ静かに存在していることが、局長をよく知る者にとっては頼りになり〝無言の圧力〟になっていた。その基本的資質は、土木行政官としては珍しいタイプであり、宮本のように派手ではなかったが、広い視野と時代の先を読む点では宮本と似ていたのではなかろうか。宮本が、黄河治水をはじめ、特に新たな進歩的技術官僚の後継者として安藝に期待をかけていたのも当然と言える。

廣井・青山・宮本と安藝を結ぶ線

安藝局長は、大正一五(一九二六)年東大土木卒であり、廣井は昭和三(一九二八)年に没しているので、廣井との間に直接的な接触はなかったであろう。しかし、安藝は廣井に深く傾倒していた青山を通して、廣井の学の精神、技術者の良心など、ふんだんに伝え聞いていたに違いない。宮本は若き日の大河津分水工事に際して、しばしば上司であった青山の薫陶を得ており、廣井は弟子に当たる青山と宮本が奮闘している新潟と大河津を訪ね、激励と助言を与えている。当然、その辺の事情が青山、宮本から安藝に伝授されていたことは間違いあるまい。

宮本は、技術者グループでは稀に見る文才に恵まれ、かつ一般社会への技術周知を重視し、学術書とは別に、技術論を展開した多数の著書を世に問うた。安藝はそれを上回る広範な知識を持ち、戦後復興から高度経済成長へ向かう時期に、経済と国際感覚に富んだ著書を出版したことは特筆すべきである。

昭和二七（一九五二）年出版の『日本の資源問題』（古今書院）は、毎日出版文化賞受賞の栄に浴した。資源調査会事務局長として精魂傾けていた資源問題の思想と構成を一般向けに解説した本書は、敗戦で崩壊した日本の国土と経済を新鮮な〝資源論〟の観点から俯瞰した警世の書である。さらに『日本経済の常識』（新潮叢書、一九五六年）は、ようやく胎動し始めた国際化の動向を鋭く感知していた安藝による、日本の将来の課題を特に人口、農業、エネルギー、資源の観点から警告した広義の経済解説書である。その〝まえがき〟で、筑後川の洪水規模が明治以降、大洪水のたびごとに拡大している事実に注目している。それは、洪水ごとに雨量が増したからではなく、河川改修工事を含め、流域の変化によって洪水の形態は変わる。人間が新しい手を打てば新しい条件が生まれ、新しい難題が生ずる。経済や国土を、人間の行為との相互関係で見るべきである、との主張である。その重要な視点である国際化の動向として、昭和二九（一九五四）年来日した世界銀行による農業調査団報告、ご自身も参加された翌三〇年の国連の原子力平和利用国際会議でのハーバード大学のメーソン教授の報告（日本は一人当たりのエネルギー消費が高いのに、一人当たりの国民所得が少ない）、将来の資源に関する世紀中央会議でのブルッキングス研究所報告を紹介している。

『日本経済の常識』は、一九五〇年代時点では極めて広汎にして示唆に富む予測の書であり、他に類例を見ない長期的視野に立った〝日本の将来の経済と国土〟への警告の書であった。

安藝の国際的活動の意義

昭和三五（一九六〇）年一一月、安藝は国連ＥＣＡＦＥ（アジア極東経済委員会、ＥＳＣＡＰの前身）の治水・利水局長（のち治水・水資源局長）に任ぜられバンコクに赴任する。その時点では、日本人技術官僚としては国連での最高ポストであった。戦後、安藝はいち早くＥＣＡＦＥでの水関係の会議などで活躍し、日本の技術官僚として稀に見る国際人と評価されていたからであろう。さかのぼれば、戦時中、宮本に指名されて、しばしば黄河治水を担当していた実績などにより、安藝がアジアでは稀な水の専門家と高く評価されていたことと無関係ではあるまい。

古市や沖野忠雄が若い頃勉学のため勇躍パリで過ごしたように、廣井の若い頃のアメリカでの多様な体験、青山のパナマ運河工事への献身的活動、八田の台湾に骨を埋めた人生など地球規模の奉仕的人生の業績が、安藝が典型的国際派技術者として生きた人生を送ったことに通じている。

明治以来、インフラ建設に貢献したエリートは、いずれも世界に羽ばたく進取の気性に富んでいた。それが第二次大戦後、安藝に代表されるような国際人を生み出した原動力であった。

今後のインフラ整備に向けて

◉今後のインフラをどうするか

インフラ整備の基本的条件

前章までに、明治以降のインフラ近代化を成し遂げた要因として、インフラを計画し、整備したリーダーたちの人生観、使命感、責任感、すなわち誇り高い生き様、ほとばしる熱情について紹介してきた。従来、わが国のインフラ整備を考察する場合、欧米技術導入の成功、その技術をわが国の伝統技術と調和発展させた効率の良い技術開発など、もっぱら技術の発展とその数々の成果が評価されてきた。とはいえ、わが国におけるインフラ技術の進歩、その成果と社会への貢献には、リーダーたちの透徹した生き方が深く関わっていたことを改めて認識した。

これからのインフラ整備に当たっても、様々な自然的ならびに社会的要因の急激な変化に着目しなければならない。従来の歴史が明示するように、リーダーの的確な判断力、歴史を読む力、そして仕事に立ち向かう力強い姿勢に依存するところ大であることを認識すべきである。これからのインフラを考える場合、日本を取り巻く社会的条件の急変に注目したい。まずは、国際化と世界の急速な一体感の進行である。すなわち、自然的条件のみならず、社会的条件も国際化、グローバル化がいよいよ顕著になりつつある。政治、経済、文化、どの分野においても、国際情勢が速やかに深く日本の社会に影響する。かつ、それを受け止める日本の社会的条件の変化が、次々と予想を上回る勢いで進みつつある。

人口減少と少子高齢化と国土

日本の人口減少傾向が、少子高齢化を伴って進行している。それは労働人口の著しい減少となり、労働生産力減少をもたらす。かつ、人口減は地方の農山村、河川上流部、都市から離れた沿海集落において著しいと予測されている。国立社会保障・人口問題研究所の日本の将来推計人口をベースに試算すると、二〇一〇〜四〇年の三〇年間に、二〇〜三九歳の女性人口が五割以上減少する市区町村は三七三（全体の二〇・七パーセント）であり、日本創生会議（増田寛也座長）・人口減少問題検討分科会によれば、状況はさらに深刻で、同女性人口が五割以下に減少する自治体は八九六と全体の約五〇パーセントに達するという。

都道府県別に見ると、こうした市町村が八割以上となるのが青森、岩手、秋田、山形、島根の五県である。上記の八九六自治体のうち、二〇四〇年時点で人口が一万人以下となる市町村は五二三で、全体の約三〇パーセントに達する。すなわち、これら市町村は、何らかの有効な対策を打たないと自滅の可能性が高い。

日本の総人口の減少は、有史以来初めての経験であり、それが少子高齢化を伴うので、社会保障費の増大、種々の老人問題を生じつつあり、その傾向は今後いよいよ深刻となる。この状況は国土にとっても由々しき問題を生じる可能性が高く、それへの対策を含め国づくりのあり方が問われている。以下、源流(河川上流域)、沖積平野(河川中下流部)、海岸地区ごとに、それぞれの危機を探る。

源流の危機

前述の人口急減は、地域的には北海道、東北およびこれら地域の河川上流部、すなわち源流地域において著しい。源流すなわち河川上流部の人口急減が、その地域のインフラの弱体化を伴えば、それぞれの河川の中下流部に悪影響を及ぼす可能性は高い。「源流白書――源流の危機は国土の危機」(全国源流の郷協議会、二〇一四年三月)は、具体的な危機は、①源流から人が消える、②山が崩れる、③水がなくなる、④日本の技が消える、⑤川が途切れる、⑥ふるさとが消える、と警告している。同協議会は現在、四万十川、熊野川、紀ノ川、木曽川、信濃川、利根川、多摩川などの上流域の全国一七市町村で結成されている。

山村振興調査会は、すでに山村調査における調査の蓄積を経て、事務局長門馬淑子の不屈の熱意に支えられ、一九七四年以来、ダム批判が困難な社会情勢下、徹底的に水源地住民の立場を支持し、今日まで毎年シンポジウムと現地調査を続行している。

すなわち、源流荒廃の危機は、さらに上述諸項目の危機を生じ、総じて国土の危機を意味する。

それへの対策の第一歩として、上流域の危機を河川全流域の問題と認識し、全流域を自然的、社会的そして文化的に一体と捉える〝流域管理〟の徹底が強く期待される。そのためには、行政面、学問分野でひとつの目標、方策のもとに協力できる体制を確立しなければならない。

沖積平野、デルタの土地利用急変

戦後七〇年、丘陵地（一一・八パーセント）、台地（一一・〇パーセント、主に洪積台地）、低地（一三・八パーセント、沖積世に形成された扇状地や三角州など）は、戦後復興、全国を挙げての激しい都市化に伴う連続開発によって土地利用が激変した。さらに近年はビルの高層化、地下開発によって、都市は立体的にも変貌しつつある。この急変が新型災害の温床となる。

洪水による水害をはじめ多くの災害は、土地利用の急変によって新型の災害が発生する。従来の災害を前提としては到底対処しされない。特に水害の場合、開発などによる土地利用の履歴効果は歴然としている。例えば、第二次大戦後、最悪の水害を発生させた昭和三四（一九五九）年九月の伊勢湾台風は、死者・行方不明者五一〇一人を数えたが、この台風に至る一九五〇年代の伊勢湾周辺の開発などによる土地利用の激変が災害を拡大させた重要な原因であった。

すなわち、戦後復興から高度経済成長初期にかけて、名古屋市南部を中心とする伊勢湾周辺は一挙に農地から工場用地となり、多数の労務者住宅が建設され、濃尾平野南部は地下水過剰揚水により地盤沈下が進行中で、ゼロメートル地帯が増加しつつあった。さらに悪条件として、木材需要の急増に応えるために、フィリピンなどから大量のラワン材輸入が始まっていたが、貯木場建設の用地が確保できず、臨海部の海域を単に仕切るだけのお粗末な貯木場しかなかった。これら大量の貯木が高潮に乗って海岸堤防を高速で乗り越え、名古屋市南部を襲った。その突進で犠牲になった人々や木造家屋は数知れない。暴れた後の大量の流木は市街に置き去りにされ、復興を妨げた。

この災害の一〇年前であれば、工業開発もラワン材輸入もなく、地盤沈下によるゼロメートル地帯は既に増大中であったとはいえ、まだその範囲は少なかった。一方、大部分の住民は、自分たちが中等潮位以下の海面下に住んでいることを知らなかった。その当時は、避難訓練も必要な危険情報も知らない大部分の住民に、高潮に対する警戒感は乏しかった。

その後、筆者は、もし伊勢湾台風がその約一〇年前に来襲していたならば、犠牲者も被害額も半分以下であったであろうと指摘したが、ほとんど信じてもらえなかった。すべての原因は、押し寄せた伊勢湾台風が稀に見るほど巨大であったからとされた。この台風は、陸上の最低気圧九二九・五ヘクトパスカルで、室戸台風（昭和九（一九三四）年九月二一日）上陸時の九一一・八ヘクトパスカル、枕崎台風（昭和二〇（一九四五）年九月一七日）上陸時の九一六・六ヘクトパスカルほどではなかったが、それら台風に次ぐ低気圧を記録した大型台風であった。しかし、前述のごとく、災害を大きくしたのはその直前約一〇年の開発による社会情勢の変化に大きな原因があった。

伊勢湾台風の被害は、災害の本質をよく示している。他の災害においても、被災地の直前の少なくとも一〇年の土地利用、社会情勢の変化が災害の質と規模を左右する。したがって、災害調査に際しては、被災地の土地利用履歴の調査が必須である。災害調査は、その直接原因である雨量、河川のピーク流量、あるいは地震のマグニチュード、震度などと、それらの確率評価などの報告が大部分である例が多い。いかなる天災でも、無人島に人的被害はない。災害調査が雨量などの水文学調査、地震学調査のみであれば、それらは真の災害調査とは言えない。

本節の冒頭に述べたように、この七〇年間の特に大都市域の土地利用、都市構造の変化は極めて激しかった。その変化の実態を調査し、その変化に応じた防災対策を実施しないと、来るべき大水害時に、予期せぬ事態発生が心配される。もちろん、大都市の建築物の耐震構造は決して十分ではないが、相当程度進歩している。要するに、個々の建築物、施設などについては、防災の必要性、方法もあまねく理解され、かなりの程度の対策は、概ね立案されている。しかし、都市または地域構造の防災においては、対策はとかくハード対策と言われる構造物や防災施設にのみ依存しがちであり、都市または地域の広がりを歴史的、そして立体的もしくは構造的観点から捉えた災害への対応は不十分な点が多く目立つ。さらには、被災するであろう地域住民の災害に関する平時および災害時の意識は低い。危険なことはあまり考えたくない心理が強く働いている。

自分と周辺の親しい人々は多分大丈夫だろうとの希望的感覚は、誰しもが抱いている。

それを防ぐためには、後の章で述べる広義の国土教育、災害大国にふさわしい防災教育が必要である。特に、それを指導し、対策を立てる防災関係者の任務は重い。

海面上昇と海岸線の危機

気候変動によって、わが国の自然および社会条件は極めて大きな影響を受ける。まず海面上昇は既に着実に進行しており、それは島国日本にとって、そして有史以来海洋国民を自負し、海岸線と運命を共にしてきたわが国にとって重大である。例えば、近年、広島県宮島の厳島神社回廊の冠水回数が明らかに増加している。すなわち、一九九〇年代にはその冠水は年間五回以下であったが、二〇〇〇年代には約一〇回、二〇〇六年以降は年間二二回と増加している。

海面上昇に関して、ＩＰＣＣ（気候変動に関する政府間パネル）第五次報告においては、今世紀末までに最大値で〇・八二メートルと予測されている。海面上昇は、津波および高潮による沿岸部の危険度を増すのはもとより、海岸決壊を促進し、砂浜の減少を加速し、海岸域の生態系に悪影響を及ぼす。一方、河川によっては河口部とその周辺沿岸が浸食されている。日本の海岸線は、主として河川からの流出土砂によって養われている。すなわち、大小洪水時および常時、河口から押し出される土砂は、海岸維持のための補給源である。したがって、下流部と河口への流出土砂が減少すれば、海岸線は後退する。ダム建設によってダム湖に大量の土砂が堆積すれば、下流への土砂供給が減少し、ひいては河口から海洋への土砂量も減少して海岸線が後退する。

遠州灘の海岸線後退

静岡県西部の天竜川河口周辺部は、昭和三一（一九五六）年竣工した電力専用目的の佐久間ダムの大量の土砂堆積が、ダム建設から五〇余年を経て一億二〇〇〇万立方メートル強にもなり、このダム湖の総貯水容量三・三億立方メートルの約三〇パーセントにも達した。このため、天竜川河口周辺では、昭和二五（一九五〇）年から現在まで、海岸線は約三〇〇メートル後退し、さらに河口から東西数十キロメートルに及ぶ遠州灘の海岸線も後退している。河口から西方四〇キロメートルにある日本三大砂丘と言われる中田島砂丘では、海岸線は約二〇〇メートル後退し、かつてサンドスキーで賑わった砂丘は、現在は海中である。

天竜川の管理者である国土交通省は、ダムを建設し管理している電源開発株式会社（J-POWER）と共同で、天竜川ダム再編事業を検討中である。その事業の目的は、ダム湖の堆砂を減らして洪水調節効果を増し、その土砂を河口とその周辺海岸へ運び、海岸浸食を和らげる長期事業である。しかし、この大量の堆砂を運ぶのは容易ではない。ダムの両側に排砂バイパストンネルを掘削して、堆砂の一部をダム下流へ徐々に流下させる案がある。この方法は、既に天竜川上流、伊那市にて合流する支流三峰川《みぶ》の美和ダムにて平成一七（二〇〇五）年に完成、さらにその下流の支流、小渋川の小渋ダム、さらにその下流の飯田市にて西から合流する支流の松川においても工事中である。

前述の佐久間ダムの堆砂除去対策では、佐久間ダムの上流や支流に溜まっている土砂を、洪水時などにバイパストンネルを利用して順次下流へ運ぶ。しかしそれも洪水次第で、かなりの年月を要するであろう。ダム湖に溜まっている土砂を大量に掘削し、トラックで海岸まで運ぶ方法もあるが、佐久間ダムから河口まで約七〇キロメートル、その運搬費は大きく、多数のトラックで何百回も往復すれば、ダンプ公害は免れない。佐久間ダム下流の秋葉と船明《ふなぎら》ダムを通過させる方法も検討しなければならないだろう。

河道内を土砂通過させるのは、河川の自然としての運動に依存する正攻法と言えるが、土砂を円滑に下流へと移動させるのは必ずしも容易ではない。いずれにせよ、長期間を要する大規模事業となるであろう。

天竜川河口周辺の海岸線をこれ以上浸食させず維持するには、河口へ年間四〇万立方メートルの土砂供給が必要とされている。現在、佐久間ダムへの流入土砂量は年約二四〇万立方メートルであるが、将来、各支川ダムのバイパスが完成すれば、佐久間ダムの排砂バイパスからは年約二〇万立方メートル排出と予測され、現在、河口から海に放出されている土砂量は年約一〇万立方メートルと推定されているので、計年約三〇万立方メートルに増加することになる。もっとも以上の流出土砂量は、洪水発生の頻度などによって変動するので、数量は目安に過ぎない。しかし上述のバイパスの完成までは、長年月を要するが、海岸浸食を和らげることは可能であろう。

以上は、佐久間ダムの堆砂対策であるが、かなり厄介な手段ではある。われわれは戦後復興期から高度成長期にかけて、様々な大規模事業を多くの河川において実施してきた。それら大事業による成果が、高度成長とわれわれの生活を支えてきた。しかし、あらゆる河川事業によるマイナスの副作用を避けることはできない。その副作用対策を実施することこそ、つねに河川事業の宿命であり、厄介であるとの理由でそれを回避すべきではない。これは河川事業に限らない。自然を相手とするすべての公共事業において担うべき副作用対策である。

気候変動による海面上昇を考慮するに際して、天竜川河口周辺の海岸線後退の状況を紹介した。このように、第二次大戦後の河川開発あるいは河川流域の開発状況が、海岸線の消長に影響していることに留意すべきである。河口からの流出土砂量の変動が海岸線保全に影響する。これが国民の共通常識となることが強く期待される。

海岸線の文化的資産——山部赤人の田子の浦

ここで海岸線と日本人との関係を歴史的、文化的に考察し、海岸線の重要性を改めて認識したい。まず、日本人なら誰もが愛している山部宿禰赤人の富士と海岸線を詠い上げた和歌を例として取り上げる。

田子の浦ゆ　うち出でて見れば　真白にそ
不尽の高嶺に　雪は降りける

この一首は、霊峰富士を海岸線の外側から仰いだ厳粛さが秀逸である。しかも、動く視点から見えてくる富士、舟の移動によって映像的に海から海岸線を隔てて動く富士。この和歌の隠れた主役は海岸線であり、それはまさに日本ならではの風景である。

一九八二年、万葉集を英訳して全米図書賞を受賞したリービ英雄は、〝真白にそ〟という驚きと畏敬の表現に苦労した。〝そ〟の力強さを出すのに、“white, pure white”という英語で何とか表現したが、その雪はどこに降ったのか？　高嶺はただ高いだけではなく、高貴で崇高であることを表さねばならず、“lofty peak”とした。こうして下記の全訳が完成した。

Coming out from Tago's nestled cove.
I gaze white, pure white.
The snow has fallen on Fuji's lofty peak.

この英文によって、原文の〃そ〃や〃高嶺〃の深遠な表現を筆者は初めて知った。海から、様々な海岸線を通して多様な風景と心情を知るのは日本人の特権である。

かつて、日本人の愛唱歌の中でも人気が高かった〃われは海の子〃は、〃村の鍛冶屋〃などの文部省唱歌とともに消え去った。われわれが二千年を通して親しんでいた海の風景が、次々と日本の海岸から消え、煙たなびく苫屋《とまや》など、もはや日本のどこの海岸にもない。そもそも、苫屋とは何かを誰も知らなくなった。鍛冶屋もなくなったのだから、この唱歌は不要と判断されたのであろうか。

海洋国家、海岸線に親しみ、海岸美を愛でた日本人の心情を何とか温存しようとするのではなく、もはや〃海の子〃の郷愁を積極的に忘れようとするのか。かつて鍛冶屋が村々にあって親しまれていたが、もう存在しないものを歌っても無意味との判断からか。もはや過去の代物を思い出しても仕方ない、新しい良い歌が次々と生産されているのだから、老人の郷愁はかなぐり捨てようとの意志であろうか？

ここに掲げた愛唱歌は、日本の重要な文化遺産ではないのか？　海岸線は、掛け替えのない日本の風景財産ではないのか？　〃われは海の子〃の放棄は、海洋国民の誇りを自らないがしろにし、世界に誇っていた多様な海岸美、それによって養育されていた日本人の自然への愛好心を忘れ去ってしまった。せめて愛唱歌を遺し、昔を偲ぼうとの意欲さえ捨て去った。自然財産への軽視は、自然との共生を、これからの日本人の自然観の糧にしようとする姿勢を崩すことになる。

長く多様な海岸線

日本の海岸線は長く多様である。日本の海岸線総延長は、沖縄県を含め約三万四千キロメートル。欧米各国の海岸線は、アメリカ合衆国を除いていずれも一万キロメートル以下である。岩石海岸あり、磯海岸あり、遠浅の砂海岸あり、その形成原因も多様であって、それぞれの海岸美に恵まれている。

その長く多様な海岸線は、有史以来、日本に多くの恩恵を与えてきた。飛行機のない時代、島国日本は国防上極めて有利であった。一三世紀の蒙古襲来時の壱岐・対馬の占領と博多への一時的上陸を除いて、日本は敵国に占領されることはなかった。日本は大陸から距離を置く島国であったことが幸いし、海岸線からの異国の侵入を許さなかった。

明治開国後は、海軍の強化が国是であった。飛行機のない時代、島国にとって強力な海軍を持つことが国防上最も重要であった。その典型がイギリスであり、日本は日英同盟を結び、イギリスを模範として海軍の強力化を国防上最重要な国策とし、日清・日露の両戦役を闘い、日本海海戦の完全勝利を得た。

海軍増強を国策としたことが、日本人をさらに海洋国民に育て、海への憧れを掻き立てた。しかし、日本海海戦の勝利の立役者であった戦艦への一辺倒な執着が、巨大戦艦大和と武蔵を竣工させ、大艦巨砲主義を貫き、時代の流れに逆行することとなった。真珠湾攻撃の成功で、もはや海軍も航空母艦主体の時代であることを、日本海軍が先鞭をつけたのは皮肉であった。日本海軍敗北の悲劇は、米海軍の航空作戦の勝利であり、太平洋戦争で日本に止めを刺したのは、全国の都市を灰燼に帰した空襲である。また、最後に原子爆弾を投下したのも航空機によるものであった。

高度経済成長を支えた臨海工業地帯

敗戦日本を不死鳥のごとく蘇らせたのは、日本人の旺盛な勤労意欲であった。戦時中、米国の巨大な経済力に圧倒された日本は、特に経済復興に力を注いだ。その中核を担ったのが、臨海工業地帯育成の成功であった。明治以降、貿易立国に邁進したわが国は、工業地帯と港湾建設を一体とする開発方式を既に確立していた。第二次大戦後は、掘込港湾の開発を含め、大都市近傍の港湾整備に成功し、臨海工業地帯の生産力増強を支えた。

土木界で唯一の文化勲章の栄に浴した鈴木雅次の受章理由は、産業連関表分析の経済手法を用いた臨海工業地帯育成の新理論とその応用の成功であった。戦後のわが国は、戦争目的ではなく、平和経済発展の場として臨海部をあて、豊かな海岸線の恩恵に浴した。

文化勲章を受章された鈴木雅次氏と筆者

沿岸部は工業立地にのみ有利なのではない。観光開発、あるいは高層マンション群建設の有力候補地として発展しているのは、決して日本のみではない。しかし、沿海部の開発は、国土保全上困難な事態が危ぶまれる。わが国の外洋・外海に面した海岸は砂丘地が多い。したがって、砂上に海岸堤防を含め、多くの構造物を築かざるを得ない場合が多い。砂上に海岸堤防を築かざるを得ないならば、汀線から砂丘までの緩衝帯をある程度広く確保するのが防災上極めて望ましい。しかし、開発最優先の情勢下、陸域の経済的土地利用が先行し、海岸堤防は海側に追いやられがちであった。

長い海岸線に恵まれたわが国は、その海岸をかつては軍事に、近代化の過程、特に第二次大戦後はもっぱら経済開発に効率良く利用してきた。その結果、現在の海岸線からは砂浜が次々となくなり、日本の誇りであった海岸美は消滅しつつある。目先の経済的利益に目を奪われている間に、海岸の自然的価値は次々と失われてしまった。日本の海岸の自然喪失が進行している間に、決定的な追い討ちをかけるように、気候変動による海面上昇が始まっている。ジワジワと進行しているこの現象は、二一世紀も止まらない。海岸線後退の危機への対策は、これからの国づくりにとって重大な難問である。われわれ日本人は今まで、恵まれた長い海岸線を長期的視野で深く考慮せず、その時々、それぞれの海岸域において目先の利益追求のままに開発利用してきた。その結果、海岸特有の自然が全国的に深刻に破壊されてしまったのである。要するに、世界に誇るべき日本の海岸線は、経済発展の犠牲となり使い捨てられるかのように蚕食されつつある。

遠州灘海岸復元の意義

前述の天竜川の佐久間ダムは、当時画期的なダム計画と工事の成果によって完成し、昭和三〇年代以降の電力供給に著しく貢献したのみならず、その機械化施工の成功が、それ以後の高度経済成長を支えた多くの公共事業促進の原動力となった。しかし、大型ダムのマイナス副作用としてのダム湖の堆砂と河口周辺の海岸線後退を惹起し、その対策が、国交省と電源開発株式会社との合議による天竜川ダム再編事業として、堆砂土砂を河口へと移す長期事業が展開されていることは紹介したとおりである。今後とも、公共事業の成果に関連して発生したマイナス効果は、何らかの技術手段による除去を原則とすべきである。

ところで、既に述べてきたように、長い歴史を通して、わが国の優れた海岸線を、われわれは極めて有効に利用してきたが、その反面、日本の海岸の各所に存在していた砂浜の減少、海岸美の消滅につながった。そして港湾とその関連施設、津波・高潮対策として築かれたコンクリートを主材料とする防潮堤、防波堤などの保全施設の普及は、沿岸生態系、景観への負の影響も生じつつある。元来、日本の海岸線の特徴は、その自然の美しさであり、沿岸環境を形成してきた掛け替えのない存在であった。それが数々の詩歌文学を生み、〝われは海の子〟を国民の名歌としたゆえんである。言うまでもなく海岸は、特に日本の場合、文化的、文明的存在としての意義は大きかった。経済的機能の陰に隠れた状況を回復するのが、これからの日本人の尊い義務である。

思えば、経済発展によって国民の生活水準が上がっていた時代には、それによって失われていた自然に対する、あるいは自然との共生を生き甲斐とする感性も鈍ってしまったのである。佐久間ダムの後始末に超長期計画で立ち向かっているように、日本の海岸の原風景を一部でも復元することは、日本人のアイデンティティーの実現に他ならない。気候変動による海面上昇は、海岸線思想に反省を求める好機と捉えるべきである。われわれは恵まれた長い海岸線に甘え切って、海岸線を全国的視野で眺める哲学を一切考えてこなかった。海岸線が多様な難問を抱えた現在こそ、海岸線を国土思想の中にどう位置付けるかの哲学を構築しなければならない。

海面上昇による百有余年後の海面高、海岸線を想定し、全国の沿岸域の将来構想を樹立すべきである。わが国財政が容易ならざる状況にあるので、国土保全上の海岸堤防の嵩上げも限界があるが、汀線の内側に堤防を移設する地域も必要である。海からの新たな脅威、津波、高潮、海面上昇に対して危険度の高い沿岸域など、特に危険が迫る区域では、建物および住居移転に踏み切らざるを得ない場合もあろう。規制や移転には、住民側への辛抱強い周知の徹底が必要となる。危険が予想される沿岸部住民のみならず、海岸線における将来の国土の危機の実態を一般国民に説き理解を求める努力を今から惜しんではならない。海面上昇は急激に発生するのではないが、住民への理解は長期を要する。太平洋岸では南海トラフ地震、大都市直下型地震に伴う津波対策と同時に周知が必要である。

全国の海岸線を総体的に眺めて対策を実現するには、土地の管理に対する行政の一元化が欠かせない。海岸線付近の土地管理は、海岸保全区域（海岸法）、漁港区域（漁港漁場整備法）、港湾区域（港湾法）、陸域には保安林区域（森林法）があり、それぞれの法に従って区域が定められ管理されている。しかし、これら区域を総体的に束ねる長い海岸線をどうするかは、幾多の問題がある。それぞれの海岸区域ごとに適切に管理されていても、海の波や沿岸の砂は、それらの管轄界とは無関係に移動する。

一九五〇年代、国土は荒廃し、大洪水の頻発により河川からの流出土砂が多く、航路維持、河口と港の分離が海岸対策として極めて重要であった。それへの技術の対応を踏まえて、海岸に関わる多くの実定法が成立もしくは改定されてきた。しかし、近年は河川からの流出土砂は激減し、それが海岸浸食の原因となっている海岸域は少なくない。その状況下、気候変動による海面上昇が始まっている。全国的な海岸線の哲学の構築、それにのっとって、これからの海岸線と沿岸地域の開発と保全をどうするかは、これからの国づくりにおいて極めて重要である。

国土への理解――〝愛国土〟のすすめ

領土問題などで国際紛争が激しくなると、それぞれの国で自国中心の愛国論議が盛んになる。しかし、それは偏狭な愛国心を煽ることになりかねない。グローバル時代の現代の愛国心は、国際協力、地球人としての自覚を大前提とし、人類の共存共栄へと連なるものでなければならない。

筆者はさらに、現代の愛国の内容に、国土を深く理解し、それぞれの国土の特質を踏まえた〝国土愛〟の高揚を強調したい。国土の特徴は、自然科学的には地学、気象学、水文学などにより、社会科学的には、高密度な国土の開発と保全によって彩られる。一方、自然科学、社会科学にまたがる日本の自然から生まれた文学(和歌、俳句、自然描写を反映する感情がほとばしる日本特有の文学表現など)もまた、愛国土表現の一端を担う。

気候変動と災害大国日本

自然および社会科学に関連する日本国土の特徴は、世界に冠たる災害大国という点である。地震と津波に関しては、平成二三（二〇一一）年の三・一一災害が全国民に日本の宿命を思い知らせ、世界各国も日本のこの災害に驚き、多くの同情を寄せてくださった。火山災害も、火山列島日本にとってはつねに警戒しなければならない。江戸時代の宝永噴火（一七〇七年）に匹敵する富士山の大噴火が発生すれば、その被害は江戸時代の比ではない。富士周辺の火砕流などはもとより、東京はじめ南関東への大量の降灰による交通障害、上下水道施設の壊滅などによる都市機能の破壊は深刻である。

気候変動が、わが国の災害をさらに深刻にする。海面上昇が島国日本にとっていかに重大かは、既に縷々詳述した通りである。さらに大型台風、集中豪雨の頻発は、治水事業の成果によりしばらく鳴りを潜めている大河川を含む、多くの河川による大洪水の発生が憂慮される。例えば、東京都を襲う恐れのある洪水氾濫への警戒と対策を怠ってはならない。利根川右岸が破堤すれば、池内幸司（現、国交省水管理・国土保全局長）らの論文に次のように予測されている。

浸水面積は約五三〇平方キロメートル、その区域内の被災人口は約二三〇万人、もし江戸川と荒川も同時に破堤という最悪の場合、浸水区域内人口は六六三万人、浸水が三日以上継続した場合の避難者は約四二一万人と予想されている。さらに、東京都内の地下鉄網の浸水によって重大な人身事故が懸念される（詳しくは、拙著『川と国土の危機』（岩波新書）参照）。

しかも、このような被害をもたらす豪雨頻度が増すと予測されている〝水災害分野における地球温暖化に伴う気候変化への適応策のあり方について〟（国土交通省社会資本整備審議会、二〇〇八年答申）によれば、全国各地域における一〇〇年後の最大日降水量は、最も多い北海道では一・二四倍、最も少ない九州で一・〇七倍となっている。これに基づいて洪水の頻度を試算すると、利根川や淀川など最重要河川で計画の指標とされている〝二〇〇年に一回の大洪水〟は〝九〇～一四五年に一回〟となり、全国河川の平均で〝一〇〇年に一回〟の大洪水は〝二五～九〇年に一回〟となっている。換言すれば、治水安全度が著しく低下していることになる。

短時間豪雨、いわゆるゲリラ豪雨による被害は、既に東京、神戸、福岡の小河川における犠牲者を生じている。今まで未経験であった箇所での局地集中豪雨の近年の頻発による土石流災害の増加、特に従来の土砂災害危険箇所以外での発生が懸念される。さらには、近年心配されてきた〝深層崩壊〟がある。これは従来の土石流とは異なり、地表から二〇～一〇〇メートルもの深さの岩盤まで及ぶ大規模な土砂崩落である。従来も、この種の大土石流がなかったわけではないが、〝深層崩壊〟という新語（？）によって注目を浴びたとも言える。

昔から土砂崩壊調査のベテランであった小出博（応用地質学者、東京農大教授）は土石流現場の一番上流まで登りつめ、崩壊によって岩盤まで露出したか否かに注目した。岩盤まで広く現れた崩壊は、免疫を得たと判断し、その崩壊現象は周辺の土地条件が変わらない限り、当分（百年単位）は崩壊は発生しないと考えた。小出博のいわゆる土石流免疫論であり、関係者の間ではよく知られていた。小出は個性が強く、自ら開拓した考えには強い自信を持っており、異説の学者、特に官僚を徹底的に論破するので、心の狭いお役人からはいたく嫌われていた。

ゼロメートル地帯の教訓

東京、名古屋、大阪における平均海面以下のゼロメートル地帯は、地下水の過剰揚水による地盤沈下が原因で生じたのであり、自然現象ではない。臨海部の地下水が規制されたのは、既に相当面積のゼロメートル地帯が生じた後であった。地下水を適切に管理せず様々な災害に対して危険な土地にしてしまい、その大都市に何百万人も住んでいる状況は重大である。

戦後日本において、この地下水の無思慮な揚水により、地下水の水循環を致命的に乱した行為は世紀の失敗であった。その後の盛んな都市化は高度経済成長を支えたが、都市化が地表の水循環を乱し、都市型水害を全国的に発生させるなどの失敗を犯した。水循環を健全に維持することは、われわれが自然と付き合う場合に最も重要なルールである。

元来、日本人は自然界の水循環を産業や生活に巧みに利用する民族であった。湛水栽培の水田耕作を千年以上も継続してきたのは、水田からの浸透による地下水補給を要とする蒸発、灌漑取水と排水など、日本の水文気象の水循環に見事にのっとっていたからと言える。しかし、地下水利用に際しては、揚水費用は電気代のみの安価と思い込み、それが地盤沈下という莫大な社会的費用を要することを認識せずに、三大都市の主要部を危険にする罪を犯した。

わが国の今後の国づくりの基本は、たとえ長年月を要しても、いかにして災害大国から少しでも脱するかである。地震、津波、台風などによる暴風雨、火山、土砂災害そのものの発生を防ぐことはできない。これら天災発生に際して、その被害をいかに減ずるか、換言すれば、日常生活から革新していかに減災国家にするかが肝要であり、その具体的方法については後の章で提案する。

インフラと国土のかたち

日本の国土は災害が多様で激しいのみではない。インフラ整備上、英仏独などのヨーロッパ先進国と比べ、幾多の不利な点がある。それを十分認識した上でのインフラ整備をしなければならない。

耐震費用を含む前述の種々の災害対策には、経済的にも技術的にも多大な努力を要する。日本列島は南北に長い四つの島から成っている。そのため、四島を貫通する交通路の整備には、つねに優れた土木技術の発展が必須であり、そのための費用も嵩む。四島連結のための技術は進歩し、世界最初の海底トンネルとして誇る関門海底トンネル（昭和一七（一九四二）年）、世界最長の吊橋、明石海峡大橋（平成一〇（一九九八）年開通、九六〇＋一九九一＋九六〇メートル）、海底地質を克服して掘削した青函トンネル（昭和六三（一九八八）年、五三・八五キロメートル）、あるいは米国土木学会から港湾空港部門で二〇世紀における最優秀事業と評価された関西海上国際空港（平成六（一九九四）年開港）等々、枚挙に暇がない。しかし、そのために多くの先進国と比べ、極めて多額のインフラ建設費を費やしている。例えばドイツやフランスは、国の地形的形状が長大な日本列島と異なり四角形に近く、全国の鉄道、道路網を効率的に建設することができる。耐震費、洪水対策費などは遥かに少なくて済む。日本は国土の六一パーセントが山地であり、山間を縫って高密度の河川が流れているため道路、鉄道の旅は絶え間なくトンネルや川を渡る橋に出合うが、このためにはインフラ整備に多額の費用を要する。

もっとも、火山国なればこそ温泉や変化ある優れた風景があり、雨雪が豊富であるため多様な動植物も生息して、四島周辺の海は世界で最も豊富な魚種に恵まれている。それらが日本人の鋭く繊細な自然観を育んでいることは、多くの内外の哲学者、生物学者らがひとしく認めている。要するに、多種の災害などをもたらす自然は、われわれに多くの恩恵をも与えている。

国土教育（義務教育への要望）

前節に解説したわが国土の自然的および社会的特徴、それとインフラ整備との関係に関する基本情報を全国民の常識とすることが望まれる。そのためには、まず義務教育において、国土の特徴と、それとの関連においてインフラ整備とその現代史概観をカリキュラムに組み込む。一方、インフラ整備への献身的努力、誠意、そして公のために働くことを人生の目的と考え、奮闘した偉大なる技術者を紹介する、もしくは、その技術者が成し遂げた現場、銅像などの記念碑を訪ね、その業績を偲びたい。

この種の偉大な技術者を、可能な限り郷土に求める。この技術者は、必ずしも専門技術者に限る必要はない。歴史上における武将、僧侶による公共事業の成果を入れるべきである。これら先人のインフラ業績には、来日した僧侶、明治以降のお雇い外国人も、もちろん含まれる。重要なことは、単に個人の尊い業績に止まらず、その仕事が社会に、そして後世へ及ぼした影響を探求し、後世の人々を含め、その歴史的影響をも重視することである。

若干の実例を挙げれば、武将では武田信玄（一五二一〜一五七三）、豊臣秀吉（一五三七〜一五九八）、加藤清正（一五六二〜一六一一）、徳川家康（一五四三〜一六一六）、徳川吉宗（一六八四〜一七五一）、野中兼山（一六一五〜一六六四）、僧侶では道登（生没年不詳）、道昭（六二九〜七〇〇）、行基（六六八〜七四九）、良弁（六八九〜七七四）、重源（一一二一〜一二〇六）、空海（七七四〜八三五）、空也（九〇三〜九七二）、一遍（一二三九〜

一二八九)、忍性(一二一七〜一三〇三)、叡尊(一二〇一〜一二九〇)、禅海(一六九一〜一七七四)、鞭牛(一七一〇〜一七八二)、お雇い外国人では、エドモンド・モレル(一八四一〜一八七一)、リチャード・ブラントン(一八四一〜一九〇一)、H・S・パーマー(一八三九〜一八九三)、ファン・ドールン(一八三七〜一九〇六)、G・A・エッセル(一八四三〜一九三九)、I・H・リンドウ(一八四七〜?)、ルーエンホルスト・ムルデル(一八四三〜一九〇一)、デ・レイケ(一八四二〜一九一三)、ヘンリー・ダイアー(一八四八〜一九一八)、ジョン・ミルン(一八五〇〜一九一三)、W・S・チャプリン(一八四七〜一九一八)、ロウ・ワーデル(一八五四〜一九三八)、W・K・バルトン(一八五五〜一八九九)などである。

これら先人の業績は、小学校から大学に至るまで、ほとんどの教育機関で触れていなかったため、カリキュラムに入れるのを、やや余計な知識と考える向きもあるかもしれない。それらよりも重要な教科は多く、追加の余地がないと敬遠されているようである。それは、上述の紹介例を重要視するか否かにかかっている。

BBCのアンケートに見る土木技術者の評価

欧米では、この事情はかなり異なる。二〇〇二年、BBC(British Broadcast Corporation)(英国放送協会)が一般視聴者に次の設問によるアンケートを実施し、一〇〇万人以上から回答を得たという。

〝イギリスの歴史で最も偉大なイギリス人は誰であったか〟

その結果、上位一〇人に選ばれたのは以下の通りである(二〇〇二・一一・二四発表)

1 Churchill, Sir Winston (1874~1965)
2 Brunel, Isambard Kingdom (1806~1859)
3 Spencer, Lady Diana (1961~1997)
4 Darwin, Charles Robert (1809~1882)
5 Shakespeare, William (1564~1616)
6 Newton, Sir Isaac (1642~1727)
7 Lennon, John (1940~1980)
8 Elizabeth I (1533~1603)
9 Nelson, Horatio Viscount (1758~1805)
10 Cromwell, Oliver (1599~1658)

おそらく、一般の日本人は、この一〇人のうち八人もしくは九人は知っているであろう。ただし、二位のブルネルを知らない日本人が多いのではないか。ブルネルは、一九世紀、いやイギリス史における偉大な土木技術者である。ブルネルは、テームズ川に初めて川底トンネルを掘削し、橋梁の技術者としても知られ、クリフトンの吊橋を設計、と同時に造船技術者として、当時世界最大の船であったグレート・イースタン号も設計している。イギリスに限らず、欧米先進各国では、偉大な土木技術者は著名政治家と並び称され、知名度は高くあまねく尊敬されている。

ブルネルの銅像は、ロンドンの地下鉄で乗降客が多く、ヒースロー空港へ行く直行便の始発駅であるパディントン駅構内、そして郷里にも建立されている。筆者が注目するのは、ブルネルはもちろん、フランスのディジョンの中央広場（ダルシー広場）に建つダルシーの銅像など、一般庶民がつねに出入する場所に建てられている点である。

ブルネルやダルシーも、義務教育もしくはそれに順ずる機関で教育もしくは広報されているとのことである。筆者のイギリスの友人にこの話を伺った際、イギリス人にブルネルまたはそれ以上に人気があり、誰でもその名とともに業績がよく知られている土木技術者は、ジェームス・ワット、テルフォード、スティーブンソンであるという。日本では、ジェームス・ワットは蒸気機関の発明、スティーブンソン（九代目土木学会長）は蒸気機関車の発明しか知られていないのではないか。テルフォードの名が日本で知られているとすれば、琵琶湖疏水を計画、指揮した田辺朔郎が日本人初のテルフォード賞を授与されたことであろうか。テルフォードは、イギリス土木学会創始者で初代会長であり、イギリスのみならずヨーロッパ各国の土木界に与えた影響は大きく、欧米各国ではよく知られている。

ところで、日本のＮＨＫでＢＢＣと似たようなアンケートを一般視聴者から集めると、どんな結果になるであろうか？　ベストテンあるいはベスト20にも、残念ながら土木界の大人物が一人も選ばれないであろう。イギリスに限らず、欧米先進国ではインフラ建設に大きな足跡を残した土木技術者は必ず選ばれるであろう。日本では選ばれないと筆者が推察するのは、一般人が大土木技術者の名も業績も知らないからである。日本では、義務教育でも日本のインフラの現状、特性はおろか、その貢献者と彼らの業績をほとんど教えていない。高校でも教えていないようで、進学指導の先生の中にも、土木と建築の区別をよく知らない人もいるらしく、橋のエンジニアを目指して建築学科を選ぼうとした高校生の話をしばしば聞く。土木とは、大地を直接支える施設、もしくは土を大量に掘削、運搬する事業に限定すると解釈し、橋のように格好よい構造物は、土木ではなく建築と判断する人々が少なくない。

このように、インフラの意義、もしくはその建設や整備に一生を捧げた技術者を、日本社会が欧米のように評価しない、あるいは周知されていないのには、土木界にて一般国民への理解を求める重要性の認識とそのための努力が不十分であることも一因であろう。もっとも、最近は、青山士が青春の血を燃やしたパナマ運河工事への積極的参加、台湾で地元農民六〇万人を救った烏山頭ダムを建設し、地元の人々に今なお神のごとく尊敬されている八田與一は、彼を称えるアニメ映画が台湾や八田の出身地石川県の学校で上映されたこともあり、石川県を中心にようやく知られるようになった。また、平成二五（二〇一三）年には、宮本武之輔の銅像が出身地松山市の興居《ごご》島に設置されるなど、内外で活躍した偉大な土木技術者の顕彰の機運が高まってきたことを歓迎したい。

現場に触れる

筆者のかつての大学教育を顧みても、これら提案の一つでも実施するのは必ずしも容易ではない。例えば、現場見学を実施するには、固定したカリキュラムを一時的にでも変更しなければならない。それを防ぐために、時間割にあらかじめ現場見学を用意する。現場見学には、前もって訪問先との打ち合わせを必要とするが、その打ち合わせには必ず学生代表を含める。大学に比較的近い現場見学は半日でも済むが、現場により一日、場合によっては一泊、夏季休暇を利用すれば二～三泊を要する。ただ、学生と教師の交流の場を得られるのは重要な機会であり、それは学生諸君にとって、またとない記憶と収穫が得られよう。教育効果を考慮すれば、費用と責任体制を整える労力と心労を厭うべきではない。

学生は、現場に立つことによって、実際の土木事業と技術・学問との関係をある程度知ることができる。一方、その関係を知ることに努力を傾けるべきである。特に、現場で働いている技術者と労務者の役割の内容を推し量ることもできる。逆に、学生時代にほとんど現場を訪ねなければ、土木事業と土木技術の特性を理解せずに社会に出ることになる。

インフラの歴史を知ることによって、時代ごとのインフラへの要請、特質、それぞれの時代における指導的技術者の果たした役割、事業への取り組みの姿勢をうかがい知ることができる。

土木史の重要性

インフラを含め、土木全般にわたる土木史を学ぶ重要性は、明治以来いくつかの大学建築学科において建築史の講座が設けられたことでも理解できる。土木と建築は極めて深い関係にあり、技術の中でも最も古く長い歴史を経て発展してきた。技術史を学ぶ意義は、土木も建築も全く同様である。建築史発展の蓄積によって、建築界からは多くの建築史の専門家、ないし技術史への造詣の深い建築家が育った。建築史の教養によって、豊かな建築思想を持つ多くの建築家の輩出に貢献した、と筆者は推測している。

思想の陶冶《とうや》は計量できるものではなく、また社会に与えた影響も明瞭に識別できるとは限らない。しかし、建設文化財の探求、建築物の歴史的評価、それらの大衆への周知、ひいては建築の広報には並々ならぬ積極的役割を見事に果たしてきている。

かつて、筆者は一九五〇～六〇年代、大学人を相手に、あるいは土木学会などにおいて、〝土木史〟の重要性を主張し、土木史を大学土木工学科において正式に教育・研究する必要性を説いたが、一般に反響は芳しくなかった。はなはだしい場合には、〝歴史は文学部の学問〟〝土木史は学問か？〟〝そのための委員会などを設けても赤字を増すのみ〟などの意見が反射感覚的に返ってきた。とかく高度経済成長期は、経済優先の社会的風潮下、沈思熟慮の精神的余裕に乏しく、ともすれば利那的、感覚的反応が横行していたと思われる。

土木工学課程に土木史を据えることは、土木工学に歴史観を正置し、厚みと弾力性を加えることになる。さらには、土木文化財の発見、顕彰、普及を広め、現在計画中、あるいは設計・施工中の施設、構造物も、将来の文化財候補となり得ることを悟ることにもなる。一つのプロジェクト、施設、または構造物を歴史的に位置付けることは、土木思想の萌芽となり得よう。

討論、スピーチの練磨

スピーチ、討論の能力は、政治家、ジャーナリストなどにとって、必須の資質であることは周知の事実であり、特に解説を要しない。しかし、日本人技術者にとっては、従来その価値があまり評価されてこなかった。

しかし、土木技術が公共事業、もしくは公的事業に関わることが多いことに鑑み、自らの仕事の大衆への周知は必須の業務の一環である。特に民衆の日常生活に関わる事業、従来あまり類似性のない新型の事業を実施する場合、担当公務員が一般民衆にわかりやすいコトバで内容を平易に説明し、関係住民の十分な理解を得ることは、公務員の重要な義務である。

広報の価値

官庁においても会社においても、わが国は先進諸国と比べ、広報の重要性を十分には自他共に認識していないように思われる。筆者は、広報に関して諸外国などを十分に調査したわけではなく、その種の比較調査結果を参照したのでもない。しかし、下記の事実は広報に対する日本の一般的傾向を裏書きしているように思う。

官庁でも会社でも、経営が苦しくなると、まず広報費用を減らし、そのための人員を整理する。それは、日常的に有効な広報を行っていないからではないか。数年前に、国土交通省はじめ各省で広報業務が大幅に減らされ、それに伴って、その費用もかなり減少のやむなきに至ったことを知った。要するに、広報を必ずしも重要な業務とは認めず、日ごろ、広報の質向上、効果評価などをほとんど行っていないのかと勘ぐりたくもなる。

具体的には、業務内容について庶民の理解を求める講演会、シンポジウムなどは開催できなくなったという。お役所は、自らの仕事の内容を、つねに積極的に一般国民に知らせる義務がある。財政や時間に余裕があれば庶民への広報の企画を実行する、という性格のものではない。筆者が一九五〇年代末、フランス留学中にダムや河川事業の現場で接した広報は、関係住民に親切かつわかりやすいものであった。筆者はアメリカで生活した経験はないが、アメリカの役所も会社もＰＲ技術は日本より遥かに質が高く、経費も日本人の感覚からは、かなり多く使っているようである。したがって、広報の質向上には熱心である。ＰＲ戦略も今後国際化が進むと思われるので、日本の特に中央官庁、建設業、コンサルタントが広報戦において立ち遅れないことを切に望む。

現場技術者（特に河川技術者）への期待

技術者、主として河川の現場技術者について提案する。近年はＩＴ技術の進歩、入札など管理環境の変化を含め、一昔前とは異なり、現場技術者の業務は多面的になった。忙しさは昔も今も変わりないが、その質は様変わりしている。そのため、少なくとも筆者が考える本来の業務である、担当河川を観察し洪水の危険を事前に把握することが犠牲になり、技術者の質が衰えているのではないかと憂える。

昭和三〇年代以前には、河川事務所長もしくは調査課長クラスは、現在より遥かに多く所管の河川現場を観察点検する時間を持っていた。昭和一〇年前後の所長は、ほぼ毎日のように現場を視察し、かつそれを楽しみにし、川の状況の変化を仔細に把握していた。現在では、川筋に沿って多数の監視カメラが設置され、その映像を事務所において仔細に監視することができる。一方、携帯電話などで随時連絡を受け、あるいは呼び出されるので、情報伝達の効率の良さは、昔日の比ではない。しかし、落ち着いて川を観察できないとの不満（？）も聞く。

マス・メディアや住民との折衝は、往時には考えられないほど繁く、しばしば困難で厄介な対応も迫られる。もっとも、その傾向は民主主義の発展段階では避けられない壁であるし、その経験の積み重ねが、事務所からの広報力を鍛え、業務の一般社会への情報発信能力を高めることになるであろう。

以下は、近年、筆者が現場を訪ね気づいた点である。これを参考として、現場観察力の向上（もしくは復活）に資することを切に期待する。

河川技術者は、所轄河川の過去（少なくとも第二次大戦後、望むべくは明治中期以降、明治二九（一八九六）年旧河川法公布以後）の大洪水、大水害、特に破堤地点と破堤状況、および氾濫流による氾濫区域、その際の被災市町村の対処をたどり、水害の実態を把握するべきであろう。

破堤の教訓

特に破堤に関しては、破堤の原因、その過程、破堤対策としての締切その他の対策、他の類似河川の破堤地点との比較。要するに、なぜその地点で破堤したのか。これらは記録が保存されているはずであり、それを現場に立って確認し、当時の状況を反芻し沈思する。戦後、昭和二〇（一九四五）～三四（一九五九）年の一五年間は、枕崎台風から伊勢湾台風まで、わが国水害史上でも特に激しい大水害が連発した、河川関係者にとって忘れてはならない時期であり、この間に破堤の苦杯を嘗めた河川は数知れない。筆者は、ある河川を訪ね、調査課長にその破堤地点への案内をお願いした。課長がその地点を知らないので、筆者はいたく失望し、当方がその地点へ連れていった。訪問者に担当河川の重要地点を教えてもらうとは、担当者にとって大きな屈辱である。しかも、それが恥であることを認識していないようであれば治水技術者の自覚と責任を放棄したとしか思えない。担当者から〝実は一週間前に転勤してきたばかりなので〟などと言い訳を聞くのは何とも淋しい。

新任地では、引き継ぎ事項が数多く、それらの中には恐らく、既に火のついている案件も多々あろうが、できれば、その引き継ぎ項目に、前述の破堤地点とそれに関わる情報伝達を加えるべきである。いや、本来は引き継ぎ項目ではなく、新任地に接した瞬間に〝この川には、こんな重大な事態があったんだ〟と口をついて出るものでありたい。着任一週間内に、要人のみならず要所への挨拶回りを済ませるべきであろう。一月以内には、その川の水害と治水を含む河川改修史を素読することを望むが、官製の改修史は役所の内側からの歴史であることが多い。したがって、ジャーナリスト、あるいは作家のルポ文学、もしくはその川にちなむ小説、随筆なども参考にしたい。

破堤地点に、それを示す指標を建てている川もある。利根川のカスリーン台風の際の破堤地点である栗橋に、その碑がある。したがって、国交省、栗橋周辺の住民、この地点への訪問者は、その破堤地点、その地点からの氾濫流の行方などについてよく知っている。利根川に関心のある愛好家を中心に、この破堤地点を知っている人々は多い。しかし、破堤地点に復興記念碑などを建てている河川は極めて少ない。この種の碑は、観光目的や通常の記念碑とは異なるが、一般人に水害を伝える警鐘となり、日本の国土のひとつの特徴を啓発する意義は高い。

歴史的河川施設の価値

信玄堤（山梨県釜無川）、太閤堤（淀川）、千栗堤（筑後川）など、長い歴史を積み重ねてきた堤防は人口に膾炙《かいしゃ》されている。しかし、明治以後、特に昭和以後の治水の名施設は、河川管理者や周辺住民にも必ずしも評価され尊重されているとは限らない。

常願寺川や黒部川など急流河川に独創的形態で設置された〝ピストル水制〟は、名治水家橋本規明によって考案され命名された。高さ約二〜三メートル、長さ約五メートルの巨大ピストル形状で、基礎を入念に施工することが重要である。これは急流河川にかなりよく普及している。かつて台湾東部、花蓮口近くの急流河川に設置されていたので、その由来を案内の技術者に聞くと、北陸河川を視察して、それを模範にしたという。約五〇年前、筑後川上流の河幅の狭い箇所に、その河幅の半分を占領してピストル水制が設置されているのを見て驚いた。大型水制は、形よりはむしろ設置場所周辺の河川地形環境、堤防との角度、入念な基礎工などが重要なことは、

富士川下流部（JR新幹線と在来線の間の左岸）にて（写真撮影：菊池俊吉、1968年）
1935年の洪水後、安藝により建設された初の鉄筋コンクリート水制群。2014年現在、残念ながらこの水制群は自生した森林の中であるが、やがて森林が取り払われ元の姿に戻ることを期待する。／月刊誌「自然」（中央公論社）の“昭和世代の教授シリーズ”で掲載された（この半年前に教授昇進）。この地点も、筆者自身が日本治水技術の精を尽くした治水施設として選んだ。事あるごとにここを訪ねるのは、この上なく懐かしく、恩師に報いる治水名所と考えるからである。

経験ある河川技術者にとっては初歩的常識だからである。

常願寺川に発したピストル水制は、昭和二〇年代の大型洪水頻発期に、個性豊かな橋本規明の熱意によって普及したと思われる。特に〝ピストル水制〟と名付けた発想が秀でていた。堤防も護岸水制などの河川施設も、ネーミングとその普及によって河川事業に名を留めるという好例である。

富士川下流部左岸、新幹線と在来線の間に、安藝皎一が昭和一〇（一九三五）年の洪水後に設置した名水制群がある。安藝は所長時代、自らの設計のこの水制群を眺め、その背後に富士山を配し、この左岸堤で寝そべって周辺の河相を凝視し、暖かい春日を浴びてまどろむのが無上の楽しみであり喜びであったという。河川技術者にとって古き良き時代であったと言えよう。筆者の主観的判断では、この水制群はその後、大洪水を経験していない。この辺りの河道内の土砂は、急流河川特有の変転を繰り返しており、この名水制群は治水効果発揮の機会には恵まれていない。

ここを約一年前に訪ねて驚いた。鬱蒼たる樹木に完全に覆われていたからである。実は、約一〇年前にここを訪ねた際には、この水制群の堤防側は農地と化し、掘立小屋の傍らにある水制に洗濯物が干してあって驚いたが、今度は森林内になり、さらに一層驚くとともに情けなくなった。この水制群は、日本最初の鉄筋コンクリート製という歴史的価値、その景観美、周辺の風景との調和など、文化財的価値があると筆者はかねがね評価していた。全国的にそれぞれの急流河川に配置されている水制は、日本の河川美に独特の趣を添えている。この水制群の現在の惨状は、輝かしい日本の治水伝統を汚す失態である。

堤防の河道側では、堤内外に樹木が繁茂している例は多い。幼樹のうちに伐採しないと、樹木は急速に成長する。大木になって鳥の巣が作られると、いよいよ伐採しにくくなる。環境保全が治水よりも優先しかねない、近頃の風潮である。

このような歴史的遺産とも言える治水資産が、少し油断しているうちに台無しになって、治水上も問題になっている例は全国に少なくない。現場の河川管理の責任者は、自らの管内の先輩が精魂込めて建設し保存されてきた治水資産を日ごろから点検し、その維持管理を重要な引き継ぎ事項と考え、後世に伝えるべきではないか。それが治水施設の正しい伝承である。富士川の場合に限らず、優れた歴史的治水施設にはネーミングを考案し、川の日や土木の日などに、周辺の川に愛着を持つ住民に積極的にその価値の周知を勧めるべきであろう。

川の神様から得た教え

富士川所長安藝皎一の前任であった鷲尾蟄竜は、急流河川の神様と言われていた。筆者は若い頃、すなわち昭和二〇～三〇年代、この神様に富士川、最上川、常願寺川などの現場を案内していただいた。旧建設省を退官後、鷲尾は急流河川を擁する各県の顧問をされていた。仕事に真面目一徹な鷲尾は、顧問に任ぜられると必ず定期的にその県の急流河川を訪ね、感想を披瀝した。まことにありがたい話であるが、現地の県土木部長、建設省所長は戦々恐々であった。

去る日、筆者は富山に宿を取って、親友の富山工事事務所長と夕飯を共にした。彼によれば、明日、かつて立山砂防所長の鷲尾先輩が常願寺川を視察される。そこで、所長以下、先輩からの質問を想定し、その回答を用意しているという。もちろん、事前に現場を点検し、それら想定質問の回答におさおさ怠りのないつもりであるが……。想定質問とは〝河口から約一〇キロメートル（概ね丁杭の位置で特定される）の右岸にあった径約二メートルの巨石は依然として在るか、その向きは？〟〝どこそこの護岸の脚が、去年来たときに、やや洗掘され、棚状になりかけていたが、その後の経過は？〟〝○○橋の右岸から何番目と次の橋脚の間に、昨年は土砂が堆積気味であったが、その後はどうなったか？〟など、この種の質問が事務所に着かれるや否や、矢継ぎ早に問われる。これら質問の回答を準備するだけでも、現場技術者にとっては十分に注意喚起となっていいた。〝諸葛孔明、死して尚敵を走らす〟を引き合いに出すのはあるいは不謹慎かもしれないが、鷲尾先輩来訪の知らせだけでも現場調査の効果があったと言える。

夜の宴会の席でも、わが先輩は川の話以外はされない。綺麗どころをいくら呼び集めても無意味であった。筆者の同級生もしくは心おきない友から、君の出張旅費を弾むから、来県して鷲尾さんの相手を昼も夜も頼む、といわれることがしばしばであった。こちらは勉強にもなるので引き受けたが、その公費の出し方は、果たして問題なかったのか？

鷲尾先輩の釜無川の急流支川、御勅使川の視察にお供した際、砂防ダムに堆積している砂利群の堆積状況を仔細に観察すれば、その堆積土砂が主としていつ頃、つまり今年の出水時か、二〜三年前に流されてここに堆積されたかがわかると聞かされた。砂礫の配列の仕方や、地下足袋で踏んだ際の感触が決め手であったようだ。革靴では少し難しいかな、とも呟いていた。本当かな？と思って見ていたが、樹木など周辺の光景も含め、長年の経験の集積で、総合的大局的な観察による判断のように見受けられた。

東京大学第二工学部

『東京大学第二工学部の光芒』と題する好著が平成二六（二〇一四）年三月、東京大学出版会から出版された。大山達雄（政策研究大学院大学理事・副学長・特別教授）、前田正史（東京大学理事・副学長・東京大学生産技術研究所教授）の共編による本書は、〝現代高等教育への示唆〟との副題が付されている。

大山達雄・前田正史編『東京大学第二工学部の光芒』

東京大学第二工学部は昭和一七（一九四二）年に創設され、九年間続いて昭和二六（一九五一）年閉学、同時に、同学部スタッフを中心に生産技術研究所が新設された。同学部は目覚しい実績を上げ、西千葉の辺鄙な場所の粗末な施設ながらも、戦中、戦後の窮乏期をしのぎながら、計二五六二名を卒業させている。それら卒業生は戦後の日本の復興に著しく貢献し、日本の発展の原動力として世間の大きな注目を浴びた。

工学系技術者の需要が急激に高まって、創

設時は軍事技術者を増大させる役割を持たされたこともあり、戦後は、戦争協力学部、はなはだしくは〝戦犯学部〟とさえ言われ閉学を余儀なくされた。わずか九年間しか存続しなかったにもかかわらず、戦後の経済発展に他大学・他学部とは異なり目覚しく貢献した多くの人材は、どのように養成できたのか？　編者を中心とするグループが本書作成を企画し、そのために大変な労力を重ねた。本書の〝はじめに〟から要点を引用する。

〝二工卒業生は、わが国製造業を中心に各種産業界において活躍し、わが国の産業発展、経済発展に大いに寄与した。このような彼らの貢献を再評価し、顕彰する必要がある。そのことは、わが国の二工卒業生を含む技術官僚、テクノクラートの業績の再評価にもつながり、さらにはそこから彼らが活躍する原動力となったのが何かについて新たな知見が得られよう〟

〝このような問題意識が本書作成の動機であった。さらに二工の足跡をたどり、二工のもたらした成果、業績を詳細に分析評価することは、今後の工業教育のあり方を考える上で参考になる点が多いと思われる〟（生産技術研究所第七代所長　岡本舜三）

これらは、本書作成の直接的動機ともなっている。したがって、本書作成の目標として、第二工学部の教育、研究、人材育成の特徴、同学部の主要な業績・貢献に対して、どのような総括的評価が与えられるか、などが掲げられた。

東大二工の存在を、明治以降の日本の工学教育の中に位置付け評価することが、本研究の重要な目的である。この観点で、明治政府が招いたヘンリー・ダイアー（Henry Dyer）が工部大学校を創設した点が注目されている。ヘンリー・ダイアーの目標は、イギリス人の実務的実践的訓練を重視する教育方式を基礎として、実践に加えて理論、学理をより重視する、ヨーロッパ大陸諸国の教育制度を取捨選択しつつ適宜取り入れる、いわば統合的な教育モデルを提示し、実現することであった。〝工部大学校におけるイギリス型教育と大陸型教育との統合モデル〟は、明治一〇（一八七七）年の〝Nature〟誌でも高く評価された。

このような工部大学校の教育実験とも言えるエンジニア教育から、タカジアスターゼを創製した高峰譲吉、東京駅、日本銀行などを設計した辰野金吾、琵琶湖疏水事業を計画、実現した田辺朔郎など、稀に見る創造的先駆的エンジニアが育ったのである。この教育の精神が、東大二工の教育方針に受け継がれていたと考えられる。

筆者は、昭和二二（一九四七）年東大二工入学、昭和二五（一九五〇）年学部卒業、昭和三〇（一九五五）年大学院課程修了、本郷の東大工学部土木工学科専任講師採用、昭和四三〜六二（一九六八〜一九八七）年教授、昭和六二（一九八七）年定年退官、名誉教授という履歴を辿った。すなわち、学生生活は西千葉の二工、教官生活は本郷の工学部という珍しい経験を味わった。昭和三〇年秋、本郷に勤め、同じ大学でありながら、私の体験した二工と本郷との教育の実態のあまりの相違に驚いた。

二工の土木工学科の教授の人選をはじめ、その教育方針に大きな影響を与えたのは福田武雄であった。彼は本郷で橋梁工学を専攻していた。助教授であったが、二工新設に伴い教授に昇進して本郷を去った。筆者は二工土木の教育方針について、福田から個人的にも多くを教えられた。福田の二工における教育理念は、工部大学校の教育こそが真の技術者教育であり、その精神を二工土木に活かすとの趣旨であった。例えば、教授人選に際しては、現場において優れた成果を上げた実践的技術者が選ばれた。もっとも、昭和一七(一九四二)年時点で、急遽、既存大学から多くの優れた学者を採用することは現実問題として容易ではなかったかもしれない。しかし、福田の人事案には、現場で既に相当な実績を上げた技術者の採用を描いていた。具体的には、コンクリート、土木施工の教授には国鉄で世界最初の関門海底トンネル所長を経験した釘宮磐、鉄道工学には鉄道技術研究所長の沼田政矩、河川工学には内務省にて富士川所長、土木試験所に勤め、既に〞河相論〟という河川哲学を創造した安藝皎一などが二工に採用された。国土計画を非常勤講師として担当したのは、東京都建設局長(就任時は都市計画課長)石川栄耀であった。

練達の技術者であった教授陣の講義が学生たちに魅力的であったのは、現場体験談が聞けたためであった。指導した卒論テーマは、現場に即したケース・スタディが圧倒的に多かった。筆者の場合、〞大河津分水が信濃川の河相に与えた影響〟であり、大河津分水という戦前最大の河川工事が、河川や周辺環境へ与えた影響を調査した。この卒論のため、学友三人と共に信濃川大河津などに三ヵ月滞在した。この放水路事業は大成功であった。大河津下流の新潟平野の大水害を、ほぼ根絶できたからである。しかし、洪水流に含まれている大量の土砂もまた、洪水と共に放水路河口の寺泊周辺に流出したので、旧川河口の新潟市には土砂はわずかしか流れなくなり、それが新潟海岸線の維持を困難にして決壊の原因となるなど、多くのマイナス副作用が発生してしまった。

福田の教育方針は、このように現場での問題を追究することによって、工部大学校の理念の実現を狙ったのである。二工土木の教育に情熱を燃やした福田は、本郷の第一工学部の教育については非常に厳しかった。筆者には個人的に、本郷の土木教育は真の技術者教育ではない、あれは理学部教育の亜流だ、とまで極言することさえあった。

工部大学校は、明治六（一八七三）年に開学した工部省による工学寮に始まる。同学校のカリキュラムの特色は、実習時間が多く、卒業前に学生を現場に出す〝実地学〟を設けたことなどである。それはダイアーの大学教育の理念の反映であった。しかし、明治一九（一八八六）年の工部大学校の東京大学工芸学部との合併以後、工部大学校の教育の特徴は徐々に失われてしまった。工芸学部においては、その前身である理学部工学系と工部大学校系の対立がしばらく続いていたという。その根本的原因は、エンジニア教育についての理念の相違にあった。

二工と一工学生

二工と一工の学生気質、そして卒業生の活躍の場および方法が相当に異なったのは注目すべきである。二工には、一工にない独特のカラーが形成された。その長所は、キャンパスには野性的で自由奔放な雰囲気があり、チャレンジ精神に富んだ積極的、実践的な工学教育、パイオニア精神、進取の気性に満ちた教官と学生の触れ合い、仲間意識とバンカラ気質、専門の工学教育のみならず人文・社会科学の講義を重んじた広い視野と新しい学問の息吹き、先生も学生もつねにリラックスした自由な雰囲気があり、それが東大二工の特徴であった。

筆者の記憶に残る文科系講義といえば、尾高朝雄の〝法学概論〟であった。有名な尾高三兄弟の長兄（次弟の邦雄は文学者、末弟の尚忠はオーケストラ指揮者）であった朝雄の講義は、法律の説明に際して、なぜそのような法律が生まれたのか、その社会的背景と法律の限界などについて、興味深い話術によって極めて具体的な例を挙げつつ話された。この講義により、書物によっては到底得られない実務的知識が得られた。

このような二工気質は、教授陣の過去の経験、実績によるところ大であったが、〝西千葉沙漠〟と呼ばれたキャンパスの自然に溢れた環境の影響も大きかったであろう。つまり、本郷とその周辺の雰囲気のような都会的空気とは全く異なり、都会特有の歓楽街もなく、荒涼たる砂ぼこりの風景で、見渡す限りの周辺には二階建の木造校舎以外三階以上の建築はなかった。行楽地といえば、貧弱な商店街の先に、春には潮干狩りで賑わう砂浜があったのみである。東京へ出るにしても、当時、お茶の水までの電車は一〇分間隔で一時間以上を要した。要するに、大都会の雰囲気とは全くかけ離れていた。

また、二工が存在した昭和一七〜二六(一九四二〜一九五一)年は、戦中・戦後、わが国の歴史の中でも精神的にも物質的にも非常に困難な時代であった。そのような時代だからこそ、多くの青年は逆境を跳ね返すことが、祖国を興す道に通じると感じていた。二工の学生も、ひそかにその意志を秘めて励んだのである。二工の大部分の学生が寮生活であったため、友情と団結心にも富んでいた。衣食住は足りず、経済的にも恵まれていなかったし、近傍に歓楽街もなかったことが、結果として青年に奮起を促したのである。千葉は本郷と比べ、施設設備が貧弱であり、アカデミックな大学と呼べる雰囲気ではなかったことが、本郷に負けていられない、という強い気持ちを呼び起こし、それが二工卒業生の活動の原動力であった。

二工卒業生が経済界、官界などで他の大学卒とは異なる分野や手腕で目覚ましい活躍をしていることが世の注目を浴びたのは、昭和五六(一九八一)年七月一九日号のサンデー毎日の記事によってであった。日立の三田勝茂社長、同級生であった富士通の山本卓眞新社長が二工出身者であることが話題となり、二工の教育の特殊性が強調された。一九七〇〜一九八〇年間は、わが国経済が第一、第二次オイルショックを経験した困難な時期と重なる。この時期に、わが国製造業を牽引した社長または副社長に二工卒業生が圧倒的に多かった。『東京大学第二工学部の光芒』には二工の各学科別の卒業生の活躍状況が記されており、他大学工学部出身者と比べても、極めて特殊な現象として紹介されている。そこには二工土木の卒業生が綺羅星のごとく並んでいて、どなたも筆者の先輩であり、よく付き合ってくださったのでここに紹介するのも僭越極まるが、ご容赦いただきたい。いずれも、おそらく二工で育ったことが、これら先輩方のユニークな活躍の原動力であったに違いないと、筆者は確信する。

昭和四〇～五〇年にかけて、わが国の道路、鉄道、港湾など国土インフラの整備充実に尽力した二工卒の人物は数知れない。岡部保（昭和一九年卒）港湾局長、また、竹内良夫（昭和二一年卒）港湾局長の関西空港初代社長としてのユニークな活躍は関係者の誰もが認めている。建設局長、後に国鉄技師長を務めた半谷哲夫（昭和二四年卒）、施設局長菅原操（昭和二四年卒）、新幹線建設局長吉村恒（昭和二四年卒）はいずれも同級生であった。建設省において技術官僚として局長などを務めた人々、国鉄技師長、あるいは土木学会長を務めたのも、ある時期、圧倒的に二工卒が多かったのは異常であった。いずれも実行力があり周辺から敬愛された人物である。このような人事現象は、二工の他の学科においても同様だったようである。

『東京大学第二工学部の光芒』で、まとめに相当する最終章〝二工教育の現代的意義と高等教育への示唆〟の要点を以下引用する。〝二工教育と現代高等教育〟の節において、次の四項目を考慮すべき重要かつ必要な事項として提起している。

（一）多元性、多様性の重要性

明治維新期に、複数の官庁がそれぞれ異なる高等教育機関を有しており、異なる目的に基づいてそれぞれ異なる形態の高等教育を行っていた。それが機関間の競争を導き、それぞれが進歩発展することになったという。すなわち、工部省が設立した工部大学校、司法省が設立した法学校、札幌開拓使による札幌農学校、内務省が設立した駒場農学校である。それぞれの教育方法の理念的背景は、工部大学校ではイギリス型実務重視教育、法学校ではヨーロッパ大陸型教育、札幌農学校ではフランス、ドイツ型学理理論重視教育をモデルにしていた。これら教育機関の競争によってもたらされた多様性、多元性が有効であることは、現代の高等教育においても十分に通じることを意味している。

（二）競争の必要性

本郷一工に対する競争意識が、二工卒業生たちのその後の成功につながったことも注目に値する。前述のように、〝いくつかの異なる機関、官庁が、それぞれの分野の教育組織を持つことによって、多元的、多様な管理、運営が行われ、それが教育効果、研究成果、人材育成の面で競争をもたらし、より良い結果、成果が得られたはずである〟と同書の結びの章で述べている。もちろん競争すればよいのではなく、競争に基づく評価は、同様の組織形態を持つ機関、主体間で、まずなされるべきである。競争が、より望ましい、より高い目標に到達するための必要条件である、ただし、組織形態が著しく異なる機関、主体間ではなされるべきではない。

（三）理論と実践のバランスと混合

工部大学校設立に際して、ヘンリー・ダイアーが理論重視の大陸型伝統的教育と、実践重視のイギリス型実習教育のバランスを考え、混合スタイルを採ったことが工部大学校の成功につながった。この工部大学校の創立精神は、その後の二工の教育における理論と実習のバランスを考える二工精神にも合致する。理論なき実践では、実践、応用上の進歩、発展などが望めない。一方、実践なき理論は、理論のみに閉じこもることによって、理論の応用から得られる社会的貢献が期待できない。両者のバランスを考慮しつつ、これらをうまく混合させることが、理論そして実践の両面における進歩と発展を可能にする。

（四）自己責任、自己評価、自己改革の実践

評価とは本来、多面的、多角的、そして動態的であることが必要であるから、究極的には多元的でなければならない。本来、唯一の正しい評価はあり得ない。多面的、多角的かつ多元的評価があって初めて自己評価と結びつき、正しい自己改革が行われる。さ

らに忘れてならないのは、評価は一時点でのみ見るのではなく、繰り返し、複数の時点で見た上で動態的に捉えるべきであるということである。評価方法自体一つの方法に限定することなく、いろいろな方法を考えるべきである。したがって、評価は部分のみに偏することなく、総合的に評価する総合評価であるべきである。

ヘンリー・ダイアーが明治初期のわが国において提案した、英国型教育方式の実務重視型教育と大陸型教育方式の理論重視型教育を統合した工部大学校の教育方針は、少々公式的に理解すれば、実質的に第二工学部に引き継がれた。一方、大陸型教育方式としての理論重視志向は、大学南校、東京開成学校、東京大学創立を経て、東京大学工芸学部での教育に活かされた。その伝統が本郷の東大第一工学部に引き継がれたと理解できる。

筆者の体験に基づく、西千葉と本郷の差

学生として第二工学部を、すでに第一、第二工学部がなくなった工学部で教官として勤めた筆者は、両部の相違を肌で感じ取ることができた。

本郷の教官の教室会議では、往年の大教授、具体的には主として廣井勇教授の思い出話がしばしば取り上げられた。廣井教授は偉大であり、威厳があった。学内外の規律を重んじ、自らを律

することも重んじ、容易には真似できるものではなかった。それに感化されたのか、あるいは伝統か、特に長老教授からは規則の厳格な実行が要求された。いわく〝私が部屋のドアを開けると、勤務時間内にもかかわらずラジオの音が聞こえた〟〝自分が掲示板に書いた伝達事項の一部が何者かによって消された。公の掲示を勝手に抹消されては、われわれは仕事ができない。一刻も早く犯人を見つけて罰しなければならない〟というような発言をしばしば聞かされて、筆者は驚いた。二工土木では筆者は一学生であり、教官との会合に出たことはないが、上述のような本郷の教室会議での発言はあり得なかったであろう。本郷の教官の用務係（いわゆる小使さん）への態度も、西千葉とは明らかに異なっていた。用務係へのお礼、感謝も〝大御心のあるところを、よく知らしめなくてはならない〟という類の発言をしばしば聞いた。本郷の教室会議では、先輩教師に反論するには言葉を慎重に選び、かつ先輩に理解できる論理を構築しなくてはならなかった。

西千葉の教授室のドアは、本郷のそれよりも物理的にも遥かに軽かったこともあり、学生はかなり気楽に入りやすかった。それが高じて、筆者の学友は教授室前の廊下に机を持ち出して麻雀に興じ、さすがに福田教授に叱責されて、スゴスゴと退散した。バンカラも、常識外れの行動となっては見過ごすわけにもいくまい。

一工・二工の学生の差

一工・二工の入学試験は同時同様に行われ、両学部学生に質の差が生じないよう大学側が選別した。すなわち、受験生の意志とは全く無関係に、両学部に振り分けられた。にもかかわらず、卒業生の職場での活躍や姿勢などに大きな差が生じたことは、興味ある研究テーマであり、『東京大学第二工学部の光芒』の質の高い調査が行われたゆえんでもあった。

したがって、筆者が二工学生となったのは、全くの偶然であった。ただし明瞭なことは、その後の人生は、どちらの学部に行ったかによって著しく異なっていた。二工へ進学しなければ、筆者は河川工学を専攻しなかったし、二〇代から五〇代にかけて、水害現場や河川視察にしばしば訪れることはなかったであろう。一工学生となっていれば、土木工学の他分野に属し、就職先もどこであったか、今さら見当もつかない。筆者は安藝皎一教授の河川工学の講義に最も興味を持ち、卒業論文も安藝教授の指導を受け、信濃川を調査した。その延長線上の、五年間の旧制大学院生時代は全く義務的な講義も演習、実習もなく、何の束縛もない結構な身分であった。ただ、河川現場や水害直後の光景に接し、その観察力を高めようとしただけであった。

安藝教授は、東大はつねに併任教授で、専任になられたことはない。本務は経済安定本部（後に科学技術庁）に属する資源調査会事務局長であり、広義の資源論に基づく国土復興の施策に関する提言、資料作成、政府への勧告などのまとめ役であった。当時、大水害が毎年のように発生した状況に鑑み、この調査会に治山治水特別部会が新設され、筆者は大学院時代から、ここでの仕事として全国各河川を訪ねることとなった。資源調査会の水害、水資源担当職員の大部分は二工卒であったので、現場出張、その他の希望はほとんど無条件で受け入れてくださった。

筆者は、昭和三三（一九五八）年一一月に羽田を出発してから、昭和三五（一九六〇）年一月に空路を利用せず八幡港への帰国まで、フランスのグルノーブル大学へ留学した。この間、大学の講義には一切顔を出さず、論文は一篇も書かず、ひたすらフランス国内の諸河川を訪ねて過ごした。フランス政府給費技術留学生であったので、フランス・日本間の航空運賃はフランス政府から（往路は日本の文部省から支給）、留学中の国内河川視察旅費も、指導教官である水文学者のProf. Maurice Pardéのサインを頂いて、講義には一切出席しないにもかかわらず、フランス政府から支給されるという幸運に恵まれた。要するに、東大大学院生時代からの現場一点張りの習慣を貫き通すという我が儘勝手な研究姿勢であった。まことに、一般の秀才留学生とはあまりに異質な二〇代の勉学姿勢（?）であった。これも元を正せば、二工気質に徹したといえる。

現場重視型研究を忠実に実行したといえば外聞が良いが、世間常識から見れば好き勝手な調査を、安藝教授とその配下の方々の周辺が快く応援してくださったからである。これも、自由に学び自由に研究できる二工的調査研究の雰囲気の庇護があればこそであった。資源調査会専門委員に任命されたのは昭和三一（一九五六）年、二九歳であった。それから平成四（一九九二）年まで継続して同専門委員として、治山治水部会、水資源部会関係の会議と現地調査を重ねた。東京大学工学部土木工学科の講師（昭和三一（一九五六）年）から教授退官（昭和六二（一九八七）年）までの間、水害、河川事業の現場に立ち続けた。

昭和五四（一九七九）年から数年間、沙漠学者の小堀巖に誘われて、シリア、サハラ沙漠のカナート調査に赴いた。〝君は中国、東南アジアなど、もっぱら多雨に悩む地域の河川調査は多いが、水が極度に少ない地域の水を調査せずして、地球の水問題は理解できない〟との甘言に簡単に従った。同じ五四年から約一〇年間、毎年中国河川見学に出かけた。中国大陸には、全世界の様々な河川の典型がすべて集まっている。多雨地帯、沙漠、大量土砂を流す黄河、これら様々な川に四〇〇〇年来多種多様な治水事業が重ねられてきた。難治の川、黄河の洪水と土砂に成果を上げ、夏の国を興した治水の聖人と言われる禹をはじめ、数知れぬ名治水家の苦闘の蓄積がある。安藝皎一は東大二工のある学年の講義を通して、黄河のみを語り切った。他大学では、おそらくあり得ない講義形式だが、多様な治水史に満ちた黄河と漢民族との苦闘を、独特の河川観を基礎に披瀝するのは、極めて個性のある講義である。〝河川工学〟は川の個性を会得した上で、治水思想を展開するのが王道だからである。

昭和五四～五六（一九七九～一九八一）年にかけての沙漠のカナート調査の副産物は、毎夜アラブの人々と満天の星を仰いでの雑談であった。そこで、彼らの水に対する独特の生活を知ったことが最大の収穫であった。ほぼ同時期に毎年訪ねた中国の多様な河川に接し得たことで、その洋々たる河川と千年単位で付き合ってきた漢民族を中心とする中国の人々が、われわれとはかなり異なる時間軸で川と対面してきた歴史観、河川観を持っていることを知った。

昭和五四年から毎年同志を募って、欧米、トルコなどの川巡りを楽しんだ。川の現場を訪ねずにはいられない筆者の人生の原点は、東大二工の大学院を含めて八年間の学生生活にあった。

◉今後のインフラ整備への条件

自然との共生——技術者

わが国の社会条件および自然条件とも厳しさを増す状況下、まず、これからの技術者への期待を提言する。筆者が専攻する河川技術に関して、今後の難局に立ち向かうには、以下の条件を満たす必要がある。

河川技術に限らず、土木を主体とするインフラ整備は、つねに自然を相手とする技術である。その場合の基本条件は、自然との賢明な共生である。自然は、われわれがより良き環境を求めて技術を駆使すれば、技術の直接目的は達しても、必ず何らかの副作用が発生する。その副作用は、しばしばマイナス効果をもたらす。さらに留意すべきは、対象とする自然は、つねに変化して止まないという本質である。

したがって、技術者は、前述のマイナス反作用を可能な限り予測し、変化する〝自然〟の現場に臨んで、特にその変化を仔細に観察する姿勢を崩してはならない。そのためには、様々な条件を満たさねばならないが、まず河川現場を、河川の変化を念頭につねに見守る眼識を高めたい。河川についてはつねに流量、水位、流況、河床の形態はもちろん、堤防、護岸、水制、堰、床止め、ダム、水門、閘門などの施設、構造物とその周辺河床の変化などには、特別の配慮を怠るべきではない。特に、洪水はもちろん、小規模の出水の場合でも軽視せず、必ず何らかの損傷および河床を含む周辺の変化を見落とさない注意力を要する。

河床の変化では、長年月の上昇、下降、洗掘、堆積を含む多様な要因について仔細に観察する。可能ならば、その変化の観察を、義務ではなく楽しむ心境となることが最も望ましい。これは河川技術者に限らない。港湾、海岸、交通施設に関わる技術者に共通のあるべき姿勢である。河川現場を担当する技術者は、日常的観察を楽しみ、それが高じて、毎日、映像ではなく肉眼で川を見ずにはいられない気持ちになれば、真に河川と共に暮らし、共に楽しむ境地に達したと言える。

そんな悠長なことを言っていられるか。現場技術者は、次々押し寄せる注文、問い合わせ、直ちに対応を迫られる火急の要求に対し応えなければならない。また、ＩＴ時代ならではの、ふんだんに入ってくる多種の情報や、監視カメラからを含む大量の映像もある。しかし、それら多種の情報は有用・有益ではあるが、その処理自体が業務を増加させ、処理そのものが煩雑になってはいないだろうか？

上述の変化は、主として河道の一部、もしくは局地的変化である。より重要なのは、より広範囲に川を俯瞰した場合の変化である。必ずしも航空写真を利用せずとも、低水時の流路でもある澪筋の変化、河川敷内の雑木の拡大などは把握できよう。澪筋の変化を放置すれば、低水路の維持管理が後手に回り、余計な出費を要するのみならず、低水路の流路が相当長い距離にわたって不安定になる恐れがある。河川敷内の樹木は、伐採すべきタイミングを失すると、その繁茂が治水上、河川景観上、厄介な状況に追い込まれる。

時代が遡って恐縮ではあるが、参考までに言うと、大正から昭和初期の内務省の河川現場の所長は、ほとんど毎日、堤防から河川を見つめていた。かつて所長用の車は自転車であったが、その漕ぎ具合と河川の砂礫の大きさで、河川勾配をかなり正確に読んでいた。もちろん現在は、他の方法で極めて正確に様々な河川情報を取得できる。しかし、技術者の五感で体得できることは、いつの世にあっても、現場技術者にとって重要な資質である。〝今や、映像を含め各種情報は自動的に入手できる、現場に行っていちいち感じ取る必要はない〟と言うなかれ。自然との共生の精神は、河川への技術者の執着から発する。毎日と言わずとも、頻繁に河川の変化を観察し、河川の各種現象の息吹きを感じ取ることに、現場技術者の楽しみと生き甲斐がある。
所長、現場課長の交替時の重要な引き継ぎ事項で忘れてならないのは、下記諸点である。
• 所管区域内における先輩による治水施設などの歴史的遺産とその保存状況。もしすでにその記録が消失していても、台帳、写真などによって保存されているはずである。
• 明治以来の継続的水文記録（雨量、水位、流量、河床材料など）
• 所管河川の大洪水と水害の記録。特に破堤とその復旧記録。検討すべき期間は昭和二〇年の終戦以降だが、可能ならば精度は低くとも明治中期からの記録。もしなければ、それを発掘する努力を惜しんではならない。
• 洪水、水害以外にも、管轄河川史における重要事件や渇水、水質に関わる流域住民との対立（裁判、争議、住民運動など）。もちろん、流域住民に感謝された事件なども、伝達すべき引き継ぎ項目である。河川管理者の適切な判断で破堤を止め、大水害を事前に軽減した例、水質汚濁を懸命の努力で解決した例、地元の集落間の対立を、河川管理者の経験と知恵で解決した例はかなりあるはずである。
特に冒頭に記した有形無形の治水遺産の類は、慎重に維持保存し、それを後継者に伝える重要性を認識すべきである。伝授すべき資産が重要なのは、治水責任者と河川との付き合いは年月を経て価値を増すからである。それを軽視もしくは確実に評価できないことを恥と感じる姿勢をつねに持ちたい。

映像は多数の監視カメラや水害直後に得られる多くの航空写真などで、水文、水質はじめ各種の記録もＩＴ技術、情報伝達の効率化によって、河川の各種情報の収集は著しく便利になった。しかし、それに過度に依存して、肉眼による観察を経過過程において把握する眼識の衰え、データを直接捉える楽しみが減ることを恐れる。引き継ぎ項目を提案したのは、上述諸点を伝承できるよう、日常のデータ蓄積の重要性を指摘したかったからであり、早急の事務的引き継ぎとは別に、忘れてはならない河川技術者ならではの伝達項目があるからである。

現役技術者の再教育では、単に基準、示方書、条例などの改正に伴う講習に止まらず、先輩技術者の経験談、河川への何らかの接触のある第三者の講話を加えることも考慮したい（河川に関わる訴訟に加わった弁護士、内外の水害調査経験者、住民運動の経験者など）。

以上、河川技術者について述べてきたが、インフラ整備に関わる他の技術者に関しても、現象に関する考え方、対応には同様に応用できる点が少なくない。対象施設に対する日常の観察、過去の災害、事故例とその対策例などの情報伝達は河川に限らない。

以下では、大学をはじめ教育機関への要望、カリキュラムの刷新などに関連して若干の提案を記す。

前節に略述したように、工部大学校から東大二工に継承された実務的実践的教育を参考にしつつ、現代的要請に応えるための教育に関して提案する。教育の理念と実務を検討する場合、現代から近未来において留意すべきは、まず国際化、あるいはいわゆるグローバル化と言われる状況である。さらにわが国が当面する難問として、高齢化、多くの源流集落の消失に代表される人口の偏在傾向の進行がある。いずれもわれわれが従来経験しなかった課題であり、インフラ整備とそれへ対処する技術者にとっても革新が要求される。

大学などインフラ関係者を育成する機関においては、下記の提案を若干年月を要しても実現する。

(一) インフラ現場での相当の経験と実績のある若干の技術者を教員スタッフに加える。

(二) カリキュラムに現場見学を毎週、現場実習を週末、もしくは夏季休暇中の実習を義務づける。

(三) 土木史をカリキュラムに入れ、常勤教員スタッフの担当とする。

すでに土木史の必要性は強調したが、かつて歴史教育は事件の解説、年代などを伝えるのみであることが多かった。はなはだしきは、歴史課目は暗記ものと誤解されていた向きさえあった。土木史では、本書でも力説したように、インフラ整備に生涯を賭したリーダーの人生観が伝わることが極めて望ましい。それには倫理教育の一端を担う役割も期待する。

（四）倫理教育

倫理の教育は、そもそも講義のみによって全うできるものではあり得ない。前項で触れたように、土木史の一部に先輩リーダーの評伝的業績を加えるのも一方法である。しかし、倫理教育は抽象的解説だけでは、その目的は達成できない。厳しく言えば、教える側の姿勢に関わってくる。前述評伝に関連して、いくつかの映像記録の上映、講師を招いての講演と質疑などを組み合わせる方法もある。

（五）討論の訓練

具体的テーマで討論の場を設ける。例えば、公共事業をめぐる諸々の見解は、ここ数年、政治部門でもマス・メディアにおいても展開されている。その中には、具体的なダム計画、高速道路計画に関する賛成、反対の討論も多い。これら討論は、しばしば反対側の見解の表明、もしくは起業者側の趣旨説明に類する〝講演と討議〟が多く、両者の説明を公平に扱うものは少ない。もとより、討論は対立意見で議論することが多い。基本的には、公平な第三者を進行係として議論すべきではあるが、その司会の役割も重要な訓練である。さらに、英語の討論に慣れることも重要な演習である。

技術者の高等教育への期待

東京大学第二工学部の実践的教育などを教訓として、国際化、情報化などの状況を踏まえ、今後の具体的な大学教育への期待を以下提言する。

（一）現場経験豊富にして、優れた実績を上げた人材を、工学部の教授スタッフに専任として加える。それら人材と、調査研究に成果を上げ理論を構築しつつある学者との結合によって、理論と実学への理解の深い技術者育成を目指す。実務経験豊かな技術者の現場の苦心談、成功と失敗談は、学生にとって魅力ある話となる。

（二）学生に対し、現場見学（週に少なくとも半日、望むらくは一日を時間割の中に定める）、および現場実習を、例えば休暇中に義務付ける。この見学と実習には、外国を少なくとも一回入れて実施する。また、海外の大学に数カ月、大学院学生は一年単位の留学を義務付ける。

（三）特定現場への調査実習

最寄りの河川や水路沿いを歩き、河川に対する観察力を磨く。中小河川であれば、上流（できれば水源）から下流の河口まで踏破する。河川に出入する用排水路、橋などにも注目。河川では、特定の場所での水位、流量、また採水して水質などを測定。同じ現場を複数回訪ね、河床の移動に注目。河川観察での重要な視点は、つねに変化して止まない変動（流量、河床、景観）である。

近傍に森林、海岸があれば、それは格好の現場観察拠点である。森林は数日の踏査、観察によって、環境の多様性を調査できる。海岸では多様で変化の絶えない波や土砂の動き、高潮対策などの海岸堤防も見学でき、高潮のイメージを推察できる。

（四）学生、特に大学院生には国内の学会への論文提出のみならず、国際学会への投稿と会議出席を義務付ける。あるいは、国際的なセミナー、シンポジウム、研修会へ出席させ、その際には、その国のインフラ施設見学を加える。その場合の旅費などの経費、論文作成については、教授陣が資金の一部援助や助言を与える。

（五）講義の一部は英語を採用し、積極的に外国からの留学生を入学させる。東大社会基盤学大学院では、約三〇年前から、大学院は英語のみで修了可能とし、途上国はじめ各国から計八〇〇人以上の卒業生が母国で枢要な地位を得ている。

（六）的確なテーマを捉え、討論を毎週実施する。対立するテーマについて、賛成と反対の趣旨を整理して、進行係の教授が討論の進め方を指導し、討論術を教授する。それがある段階に到達したなら、英語による討論を実施する。韓国（北朝鮮を含む）、中国からの留学生が多い大学、研究所などでは、韓国語、中国語による討論を実施する。これは、留学生の協力を得て、何とか実施したい。それにより韓国、中国での討論が実施できる道を開き、何年か後の日韓、日中の学術交流の定期化につなげたい。

これら提言の趣旨は、実践的な教育を通して、学生の行動性を高める強い要望である。大学はじめ高等教育機関においては、教授陣の名講義を聞くこと、および用意されたカリキュラムに則って学ぶのみではなく、学生自らが教授陣と相談しつつ、積極的に見学計画を作成し、その意義を確認し実施することに意味がある。これからの国際化、情報化の状況下、国内外の大学との競合を意識し、つねに向上する姿勢を崩すべきではない。かつて、わが国の一部大学などの機関では、つねに向上する意欲に欠け、ぬるま湯に浸かる傾向もあった。これからの教育機関は、わが国の今後の難局に立ち向かうという自覚に立ってこそ、その存在意義を認められるであろう。

かつて、明治の近代化を成し遂げたのは、指導者も学ぶ者も、時代の重要性を鋭く意識し、ひたすら困難かつ意義深い人生に立ち向かったからである。古市公威の留学に際しての自覚、廣井勇の小樽港北防波堤工事に対する責任感、パナマ運河、荒川放水路、信濃川分水路工事においてつねに人類のためであることを念頭にしていた青山士、誰のためにインフラを建設するかを最重要と考えて烏山頭ダムを建設した八田與一、海外技術協力において、それぞれの国の歴史、風土、文化をよく理解し、それぞれの地域の人々との固い協力を重視した久保田豊、その計画は一般民衆のためであると強く意識していた宮本武之輔、川を愛し川を友とし、自然との共生をつねに目指していた安藝皎一等々、われわれは偉大かつ親しみやすい多くの先輩たちに恵まれ、その後継者をもって任じつつ、インフラ整備に携わる幸福な人生の途上にある。先輩たちが楽しみつつ築いた、何十年、何百年の風雪に耐えたインフラが見守っている。それらに勇気づけられて仕事を果たす生き甲斐こそが、新たな構想を生み出す源泉である。

人材育成における演習例（東京大学工学部社会基盤学科）

次に、前述の高等教育への提案を、最近相当程度実現しつつある東京大学工学部社会基盤学科の教育の要点を紹介する。

同学科では、定員削減が求められている近年の状況下で新しい構想の組織を立ち上げるために、従来の研究室単位の体制を統合、再編成して、学科内に国際プロジェクトコースを設置し、新提案のプロジェクトを生み出しているが、この実現には、旧来の組織への拘泥から脱する英断を必要としたに違いない。

以下、新しい構想の下、実施している〝演習〟から若干の例を紹介する。

（一）導入プロジェクトとして――古典的名橋梁（隅田川の永代橋など）の模型を学生全員で制作、ものづくりの基本、エンジニアとしてのセンスを磨く。

（二）基礎プロジェクトとして――多摩川を上流から下流まで訪れる実際に川に入り、地形や流れを学ぶ。川周辺の街を踏査し、住民と川のつながり、およびそれに伴う問題点を理解。

（三）応用プロジェクト

基礎プロジェクトでは川から都市を眺めたのに対し、応用プロジェクトとしては都市全体から川を眺める。近代化の過程で荒廃した足尾銅山の歴史を学ぶ。山の再生のための植樹を全員で実施。渡良瀬川流域の現場を訪ね、流域の変貌が川にどう影響したかを調べる。実際の敷地を想定し、構造物や都市をデザインする。都市の空間や風景とは何かを考える。

その他、特に紹介に値するものとして、

・アジア開発銀行への国際インターンシップ。毎年希望者から二〜三名選抜（旅費、滞在費は学科補助）

・海外インフラ見学（自由参加、経費自己負担＋学科補助、毎年約一〇名参加）

・日韓台三大学交流（すでに二〇年継続中）

・モスクワ大学との交流（二〇一三年試行）

・サマープログラム。自己負担で世界一流大学から八五九名応募あり。五三名厳選して実施以上、国際化が一挙に進む中での実施例である。

英国の教育情報会社QS（クアクアレリ・シモンズ）のQS世界大学ランキングの分野別ランキングの土木のトップはMIT（マサチューセッツ工科大学）で、東大は第二位になっている。これには、雇用者からの評価、アカデミック評価、論文引用数の三つの評価軸がある。ベスト・テンには米国四、英国三、日本二（東大と京大）、シンガポール国立大が選ばれている。

これからの百年

土木学会の百年は、技術の革新的発展、指導者の高邁にして熱烈な姿勢に率いられ、日本のインフラの健全な発展に著しく貢献してきた。しかし、この節目の年を迎え、百年を省みつつも、お祝いイベントのみに浸っている場合ではない。

これからの百年は、従来にも増して幾多の障壁が、わが国土とインフラ整備に立ちはだかっている。すでに縷々本書でも述べたように、人口減少、少子高齢化、河川上流域の集落消滅、そして気候変動に伴う海面上昇と豪雨の頻発は、深刻な事態が国土の危機をもたらす。海面上昇は島国日本にとって、単に物理的条件の変化のみならず、日本文化の根幹を揺り動かしかねない事態である。災害大国日本にとって、二〇世紀後半以降の急激な開発に伴う土地利用の全国的急変によって、来るべき新型災害が発生する恐れがある。

すなわち、これらの状況は、国土の土台を揺り動かしつつある。戦後開発は、経済発展をもたらしたが、一方において目先の経済的利益、機能最優先の政策が、一部に国土の脆弱化を招いた。東京、大阪、名古屋の三大都市のゼロメートル地帯の拡大が、それを象徴している。

近代化の精神的支柱となった札幌農学校の人格形成、技術者の在り方を問い続けた工部大学校の理念は、その後の教育に果たして受け継がれているのか。その後の教育界を風靡している知識偏重、解析万能傾向は、本来の在るべき技術者教育から逸脱しているのではないか。

これからの百年の難局を控え、技術と技術者教育の在り方が問われている。この事態を正視し、二一世紀の国土とインフラ整備の在り方を改めて問うべきである。

文献および著作者紹介

廣井勇とその弟子たちが育った明治の時代思潮の理解に役立ち、筆者にとって有益であった二つの文献を紹介する。

◉司馬遼太郎『明治という国家（上）・（下）』（ＮＨＫブックス、一九九四年）

廣井勇をはじめ、明治以来、インフラ建設に貢献した人々の人生観は、明治という時代精神を抜きにしては考えられない。明治国家を理解するのに最適な書である。

◉渡辺京二『逝きし世の面影』（葦書房、一九九八年）（平凡社ライブラリー、二〇〇五年）

わが国の西洋化・近代化によって失われた明治末期以前の文明の姿をユニークな発想によって追い求めた独特な史観。幕末、明治年間の来日外国人の記録を精査することによって西洋人から旧日本の姿を、著者は先入観にとらわれず描きだす。率直な反応が新たな問題提起を含めて披瀝されている。

土木史に関して従来刊行された書の中から、筆者が参考とした顕著な文献を以下に紹介する。

◉小川博三『日本土木史概説』（共立出版、一九七五年）

◉長尾義三『物語 日本の土木史』（鹿島出版会、一九八五年）

◉日野幹雄『土を築き 木を構えて』（森北出版、一九九四年）

◉緒方英樹『人物で知る日本の国土史』（オーム社、二〇〇八年）

◉岡本義喬『技術立国の四〇〇年——日本の工学を築いた人々』（オフィスHANS、二〇〇九年）

◉飯田賢一『技術思想の先駆者たち』（東洋経済新報社、一九七七年）

近代日本を代表する佐久間象山から河井寛次郎まで二〇人の技術者の思想を紹介。古市には厳しい評価。廣井の技術思想を高く評価。

◉合田良實『土木と文明』（鹿島出版会、一九九六年）

◉国土政策機構編『国土を創った土木技術者たち』（鹿島出版会、二〇〇〇年）

◉北河大次郎・後藤治『図説 日本の近代化遺産』（河出書房新社、二〇〇七年）

◉松浦茂樹『国土の開発と河川——条里制からダム開発まで』（鹿島出版会、一九八九年）

◉松浦茂樹『明治の国土開発史』（鹿島出版会、一九九二年）

◉編集委員会代表 嶋田正『ザ・ヤトイ、お雇い外国人の総合的研究』（思文閣出版、一九八七年）。第二回〝ザ・ヤトイ〟国際シンポジウム 福井大会の報告集。

◉村松貞次郎『お雇い外国人——建築・土木』（鹿島出版会、一九七六年）

◉ヘンリー・ダイアー著・平野勇夫訳（編集委員 石原研而・北政巳・三浦基弘）『大日本——技術立国日本の恩人が描いた明治日本の実像』（実業之日本社、一九九九年）

工部大学校を創設したダイアーの捉えた明治日本が冷静に詳細に画かれた貴重な記録。

◉三宅雅子『乱流——オランダ水理工師デレーケ』（東都書房、一九九一年）。土木学会出版文化賞受賞。

◉三宅雅子『熱い河』（講談社、一九九三年）。青山士のパナマ運河開削。

◉三宅雅子『掘るまいか』（鳥影社、二〇〇六年）

二〇〇四年の中越地震により山古志村は全村避難、その前年、ドキュメント映画「掘るまいか」が完成。日本一の手掘りトンネルが昭和八年から一六年の歳月をかけ完成するまでの不屈の足跡を追う。

◉古川勝三『台湾を愛した日本人――台湾嘉南大圳の父、八田與一の生涯』（青葉図書、一九八九年）。改訂版（創風社出版、二〇〇九年）。土木学会出版文化賞受賞。

◉許光輝＝監修、みやぞえ郁雄＝まんが、平良隆久＝シナリオ『小学館版 学習まんが 八田與一』（小学館、二〇一一年）

◉松下竜一『砦に拠る――筑後川下筌ダム反対運動のルポ』（筑摩書房、一九七九年）（講談社文庫、一九九九年）

◉上林好之『日本の川を甦らせた技師デ・レイケ』（草思社、一九九九年）

◉絹田幸恵『荒川放水路物語』（新草出版、一九九〇年）。土木学会出版文化賞受賞。

◉内村鑑三『後世への最大遺物、デンマーク国の話』（岩波文庫、一九四六年）

〝後世への最大の遺物〟は、一八九四（明治二七）年、箱根芦ノ湖畔で開催された基督教青年会（ＹＭＣＡ）第六回夏期学校における内村の講演。「われわれは、このわれわれを育ててくれた山や河、この美しい国に、何も遺さずに死んではならない」と語っている。

◉土木学会委員会編『古市公威とその時代』（土木学会、二〇〇四年）および**『沖野忠雄と明治改修』**（土木学会、二〇一〇年）

松浦茂樹を委員長とし、現在の土木史界の俊英（それぞれ八名、五名）で編成された委員会が、古市公威、沖野忠雄の生涯を縦糸に、古市時代の国づくり、そして、明治河川改修を築き上げた沖野時代の土要河川の改修の実情を網羅した力作である。それぞれ古市、沖野の大先輩を軸とした日本土木近代化とその背景が浮き彫りにされた土木史上に遺る事業となった。古市に関しては、彼の学生時代から説き起こし、その多面的活動を追い、当時の工学の役割まで説き及ぶ。彼の多才ぶりを示す能まで調べた委員会、そしてこの両書をまとめ上げた松浦茂樹の熱意と力量に敬意を表す。

古市と沖野は一八五四（嘉永七）年生まれ、共にフランスのパリに学び、それぞれ土木学会の初代、二代会長を務めた二人が還暦を迎えた際、それを祝して募金したが、お二人とも受け取らない。そこで弟子たちが一計を案じて、その資金で土木学会が設立された。二〇一四年、土木学会は一〇〇周年を迎える。学会の年齢に六〇歳を加えれば、両先輩の年齢になる。

◉山本厚子『パナマ運河 百年の攻防——一九〇四年建設から返還まで』（藤原書店、二〇一一年）

二〇世紀の世界史は、世界の交通の要衝であり、地政学的にも重要なパナマ運河を巡る列強の角逐に明け暮れた。人類のために、高い志で工事に参加した青山士、戦時中の日本のパナマ運河爆破計画。二〇世紀における日本とパナマ運河との多面的関係を多くの内外文献から展望。

◉西脇千瀬『幻の野蒜築港——明治初頭、東北開発の夢』（藤原書店、二〇一二年）

明治初期、宮城県石巻湾岸の漁村・野蒜を沸かせた国際貿易港計画とその挫折に関して、新聞史料、地方史、野蒜築港の資料室などを詳細に調べ、従来知られていなかった同港計画をめぐる社会問題等を克明に追究した書である。この書の元となった論文「地域と社会史—野蒜築港にみる周縁の自我」は、第七回「河上肇賞」を受賞している。

◉松本健一『海岸線の歴史』（ミシマ社、二〇〇九年）、**『海岸線は語る』**（ミシマ社、二〇一二年）

『海岸線の歴史』は、異常に長い日本の〝海岸線〟こそ、日本のアイデンティティーと考える著者が、日本人の意識が、その海岸線から遠のいていることに危機感を抱き、日本人に伝統的に存在していた〝海のなかにある日本〟という原感情が意味を持たなくなっている、それは日本人にとって大きな文化史的転形期であると指摘している。その問題意識を、歴史的・地政学的に追究した。『海岸線は語る』（ミシマ社、二〇一二年）は、東日本大震災のあと、東北三県を歩き直し、その実態を肌で感じ、復興への課題を提供している。

◉大石久和『国土と日本人――災害大国の生き方』（中公新書、二〇一二年）

わが国土の自然条件が、ヨーロッパや北アメリカのそれと比べ、格段と厳しいことを認識すべきであり、その克服のために、先人たちが生活の安全性や利便性を得るために努力したおかげで、現在の国土が形成された。現世代も、次の世代がより安全に、より効率的に経済活動ができるように、国土を改良する努力をし、次世代に引き継ぐのが義務である。わが国土の歴史と現状を、海外の主要国の国土との比較において理解すべきであると主張している。

◉大山達雄・前田正史編『東京大学第二工学部の光芒』（東京大学出版会、二〇一四年）

かつて東大に存在し技術者教育に多くを貢献した東京大学第二工学部の歴史（一九四一年から一九五四年）を、多くの資料、二工卒業生へのヒアリングなどに基づいてまとめ、かつ明治の工部大学校以来の技術者教育史のなかに位置づけた貴重な文献である。

◉高橋裕・酒匂敏次共著『日本土木技術の歴史』（地人書館、一九六〇年）

村松貞次郎の勧めで、当時は土木史の実績のない著者らが仕上げた小著である。出来はとても良いとはいえないが、当時は一般向けの類書がなかったので、その役割は果たしたものと思われる。

◉高橋裕『現代日本土木史』（彰国社、一九九〇年）

著者は土木史の講義などを大学で実施すべきと主張して、土木学会に日本土木史研究委員会の設立などを働きかけ、難産ではあったが実現した。しかし、しかるべき講師も教科書もないと訴えられ、急場凌ぎのように書き上げたのが本書である。当然類書がないので、ある程度の需要に応えている。なお、土木学会『図説近代日本土木史』が鹿島出版会から出版予定である。

◉高橋裕『川から見た国土論』（鹿島出版会、二〇一一年）

本書の6章「民衆のために生きた土木技術者たち」に、廣井勇、青山士、八田與一、宮本武之輔に関する略記がある。

土木人物についての評伝や研究書を執筆している著作者を紹介する。

◉高崎哲郎

土木技術者およびその関連人物の評伝の世界を開拓し、高崎人物論を確立した功績は大である。廣井勇とその弟子たちを〝廣井山脈〟と命名し、その主要人物の評伝を活き活きと描いた。

筆者はもちろん、廣井勇、青山士、宮本武之輔から安藝皎一に至るまで高崎の著作に負うところ極めて大きく、ここに深く感謝する。およそ土木近代史の技術者像は、高崎によって確立され、多くの読者を得ていることは、ご同慶の至りである。英語に堪能で、取材能力に長けている高崎は、著作に必要とあれば気楽にアメリカなどに出かける行動力も、彼の著作群を活き活きとさせている。廣井、青山などの著作は英語でも出版され、読者層を広げている。

主な著作に、『評伝 工人・宮本武之輔の生涯――われ民衆と共にことを行わん』(ダイヤモンド社、一九九八年)、『評伝 山に向かいて目を挙ぐ――工学博士・広井勇の生涯』(鹿島出版会、二〇〇三年)、『評伝 お雇いアメリカ人青年教師―ウィリアム・ホィーラー』(鹿島出版会、二〇〇四年)、『評伝 月光は大河に映えて――激動の昭和を生きた水の科学者・安藝皎一』(鹿島出版会、二〇〇五年)、『評伝 技師 青山士の生涯』(講談社、一九九四年)、『評伝 技師 青山士 その精神の軌跡――万象ニ天意ヲ覚ル者ハ……』(鹿島出版会、二〇〇八年)、『山河の変奏曲、内務技師 青山士 鬼怒川の流れに挑む』(山海堂、二〇〇一年)がある。

◉田村喜子(一九三二〜二〇一二)

田邊朔郎の琵琶湖疏水における情熱と気高い志を『京都インクライン物語』にまとめたことが、それ以後の彼女の運命に決定的影響を与えた。同書は第一回土木学会著作賞(現在の出版文化賞)の栄に浴した(新潮社、一九八二年)(中央公論社、一九九四年)(山海堂、二〇〇二年)。〝田邊朔郎は私の永遠の恋人〟と慕っていた田村は、田邊の次の偉業である北海道の鉄道建設を追って『北海道浪漫鉄道』(新潮社、一九八六年)を書き上げた。土木屋にすっかり魅了された彼女は、私は〝土木の応援団長〟と自ら名乗り、信濃川大河津分水路をめぐる宮本武之輔らの奮闘を画いたドキュメンタリー『物語 分水路――信濃川に挑んだ人々』(鹿島出版会、一九九〇年）など、次々と魅力ある土木家や歴史に残る事業を、それに心血を注いだ技術者の人生とともに書き続ける。

二〇世紀から二一世紀へと時代が進んだ際には、二〇世紀に活躍した人物というよりは彼女が強い関心を抱いた土木技術者、現場技術者の〝こころ〟を描いた『土木のこころ』（山海堂、二〇〇二年）を執筆した。この著作をさらに人物の人生により深く突っこみ充実させようとしていたが、二〇一二年に惜しくも八〇歳を目前にして、われわれのもとから去ってしまった。毎年その命日には、土木学会を中心に親しい人が集まって、在りし日の田村を偲びつつ、〝田村喜子さんに見る土木のこころ〟をともに味わっている。

◉飯吉精一（一九〇四～一九九〇）

生涯を通し建設業に従事して、土木施工学を体系化した。一方、自ら土木評論家と名乗り、土木人物史をはじめ建設業に関する多数の随筆および評論を出版している。代表作は、『土木施工学』（技報堂、一九七一年）、『建設業の昔を語る』（技報堂、一九六八年）、『近代土木技術者像巡礼』（日本河川開発調査会、一九八六年）。その他二〇冊以上に及ぶ著作が技報堂から出版されている。

◉大淀昇一

本文中でも紹介した『宮本武之輔と科学技術行政』（東海大学出版会、一九八八年）のほか、『近代日本の工業立国化と国民形成――技術者運動における工業教育問題の展開』（すずさわ書房、二〇〇九年）の大著がある。

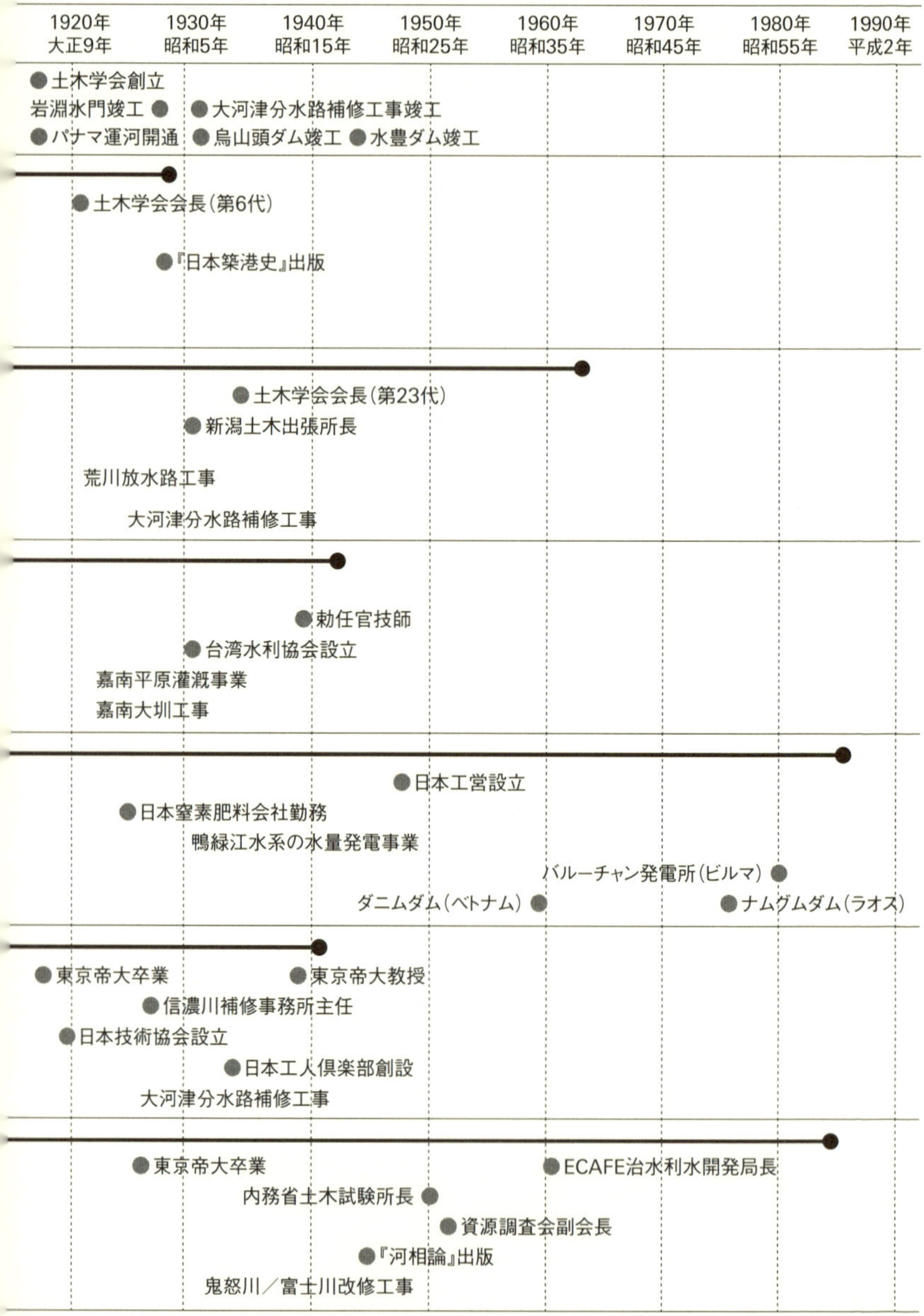
1920年 大正9年
1930年 昭和5年
1940年 昭和15年
1950年 昭和25年
1960年 昭和35年
1970年 昭和45年
1980年 昭和55年
1990年 平成2年
土木学会創立
岩淵水門竣工
大河津分水路補修工事竣工
パナマ運河開通
烏山頭ダム竣工
水豊ダム竣工
土木学会会長（第6代）
『日本築港史』出版
土木学会会長（第23代）
新潟土木出張所長
荒川放水路工事
大河津分水路補修工事
勅任官技師
台湾水利協会設立
嘉南平原灌漑事業
嘉南大圳工事
日本工営設立
日本窒素肥料会社勤務
鴨緑江水系の水量発電事業
バルーチャン発電所（ビルマ）
ダニムダム（ベトナム）
ナムグムダム（ラオス）
東京帝大卒業
東京帝大教授
信濃川補修事務所主任
日本技術協会設立
日本工人倶楽部創設
大河津分水路補修工事
東京帝大卒業
ECAFE治水利水開発局長
内務省土木試験所長
資源調査会副会長
『河相論』出版
鬼怒川／富士川改修工事

廣井勇とその弟子たち◉年表

	1860年 万延元年	1870年 明治3年	1880年 明治13年	1890年 明治23年	1900年 明治33年	1910年 明治43年

主要な関連土木事項

小樽港北防波堤竣工

廣井 勇 1862-1928

札幌農学校入学

アメリカ留学

札幌農学校教授

東京帝大教授

小樽築港工事

青山 士 1878-1963

東京帝大卒業

パナマ渡航

パナマ運河工事

八田與一 1886-1942

東京帝大卒業

台湾総督府技師

久保田豊 1890-1986

東京帝大卒業

宮本武之輔 1892-1941

安藝皎一 1902-1985

あとがき

本書に紹介した気概ある土木技術者が、日本のインフラ近代化に貢献したことに、われわれ後輩は感謝の念を捧げねばならない。重要なことは、この偉大なる先輩たちに学ぶべきは、その優れた技術と知識はもとより、むしろその仕事に立ち向かった人生観、気概であり、事業に教育に一生を通して不屈な闘魂を持ち続けたことである。

現代は、彼らが活躍した明治・大正・昭和のように国運隆々の時代ではない。地球時代における新たな困難が日本の前途に立ちはだかっている。新たな困難には立ち向かう新たな生きがいがある。土木学会創立百年を迎え、われわれは来るべき百年を望み、偉大な先輩たちのように、気概に満ちた豊かな人生を生き抜き、新生日本のインフラ建設と整備に邁進したい。

明治初期の日本工学界から百数十年、その歴史の教訓をどのように学ぶかが問われている。

本書執筆に当たって、巻末の文献とその著作者に深く感謝の意を表明する。

また、この機会を与えて下さった土木学会創立百周年記念事業の関係者にお礼申し上げたい。
最後になったが、本書出版に際して、特に編集事務にご努力された鹿島出版会の橋口聖一さんに深く感謝申し上げる。

二〇一四年八月
高橋 裕

著者紹介

高橋 裕《たかはし ゆたか》

一九二七年　静岡県生まれ
一九五〇年　東京大学第二工学部土木工学科卒業
一九五五年　東京大学大学院（旧制）研究奨学生課程修了
一九六八年から一九八七年　東京大学教授
一九八七年から一九九八年　芝浦工業大学教授
二〇〇〇年から二〇一〇年　国際連合大学上席学術顧問
現在、東京大学名誉教授
専門は河川工学、水文学、土木史。

［主な著書］
『日本土木技術の歴史』（共著、地人書館、一九六〇年）
『災害論』（共著、勁草書店、一九六四年）
『国土の変貌と水害』岩波新書（岩波書店、一九七一年）
『都市と水』岩波新書（岩波書店、一九八八年）
『クルマ社会と水害』（共著、九州大学出版会、一九八七年）
『河川工学』（東京大学出版会、一九九〇年、新版二〇〇八年）
『日本の川』（共著、岩波書店、一九九五年）
『河川にもっと自由を』（山海堂、一九九八年）
『水循環と流域環境』（編著、岩波書店、一九九八年）
『地球の水が危ない』岩波新書（岩波書店、二〇〇三年）
『河川を愛するということ』（山海堂、二〇〇四年）
『川に生きる』（山海堂、二〇〇五年）
『現代日本土木史 第二版』（彰国社、二〇〇八年）
『大災害来襲 防げ国土崩壊』（監修、国土文化研究所編集、アドスリー、二〇〇八年）
『川の百科事典』（編集委員長、丸善、二〇〇九年）
『社会を映す川』（山海堂、二〇〇七年）（鹿島出版会、二〇〇九年、再出版）
『川から見た国土論』（鹿島出版会、二〇一一年）
『河川と国土の危機』岩波新書（岩波書店、二〇一二年）
『近代日本土木人物事典』（共著、鹿島出版会、二〇一三年）
『全世界の河川事典』（編集委員長、丸善出版、二〇一三年）などがある。

本書は、土木学会創立一〇〇周年を
記念して出版するものです。

土木技術者《どぼくぎじゅつしゃ》の気概《きがい》

廣井勇とその弟子たち

発行　二〇一四年九月二〇日　第一刷

著者　高橋《たかはし》裕《ゆたか》

編集協力　土木学会廣井勇研究会

発行者　坪内文生

発行所　鹿島出版会
一〇四-〇〇二八　東京都中央区八重洲二-五-一四
電話　〇三(六二〇二)五二〇〇
振替　〇〇一六-二-一八〇八八二

組版・装丁　高木達樹

印刷　壮光舎印刷

ISBN978-4-306-09438-3　C0052　Printed ir Japan

本書に関するご意見・ご感想は左記までお寄せください。
URL　http://www.kajima-publishing.co.jp
E-mail　info@kajima-publishing.co.jp

図書案内：河川学の第一人者が語る土木と国土の哲学

川から見た国土論

高橋 裕 著

A5判・上製・280頁　定価（本体3,600円+税）

主要目次

1　転機に立つ土木事業――歴史的考察に基づいて
2　対立する都市と農村――水資源開発の公共性を考える
3　いま、土木技術を考える――来し方を踏まえて明日を展望する
4　河川学から見た常願寺川
5　これからの建設技術者――公共事業と社会
6　民衆のために生きた土木技術者たち
7　佐久間ダム・小河内ダムが社会に与えた影響
8　自然環境共生技術と開発――自然への理解に基づく国土哲学の提唱
9　東日本大震災の教訓
◉　戦後日本の河川を考える――東京大学最終講義
◉　21世紀の河川を考える――芝浦工業大学最終講義

株式会社 鹿島出版会　〒104-0028東京都中央区八重洲2-5-14
TEL. 03-6202-5200　FAX. 03-6202-5204　http://www.kajima-publishing.co.jp/